周期表

10	11	12	13	14	15	16	17	18
	1B	2B	3B	4B	5B	6B	7B	0
								$_2$He 4.003 ヘリウム
			$_5$B 10.81 ホウ素	$_6$C 12.01 炭素	$_7$N 14.01 窒素	$_8$O 16.00 酸素	$_9$F 19.00 フッ素	$_{10}$Ne 20.18 ネオン
			$_{13}$Al 26.98 アルミニウム	$_{14}$Si 28.09 ケイ素	$_{15}$P 30.97 リン	$_{16}$S 32.07 硫黄	$_{17}$Cl 35.45 塩素	$_{18}$Ar 39.95 アルゴン
$_{28}$Ni 58.69 ニッケル	$_{29}$Cu 63.55 銅	$_{30}$Zn 65.39 亜鉛	$_{31}$Ga 69.72 ガリウム	$_{32}$Ge 72.61 ゲルマニウム	$_{33}$As 74.92 ヒ素	$_{34}$Se 78.96 セレン	$_{35}$Br 79.90 臭素	$_{36}$Kr 83.80 クリプトン
$_{46}$Pd 106.4 パラジウム	$_{47}$Ag 107.9 銀	$_{48}$Cd 112.4 カドミウム	$_{49}$In 114.8 インジウム	$_{50}$Sn 118.7 スズ	$_{51}$Sb 121.8 アンチモン	$_{52}$Te 127.6 テルル	$_{53}$I 126.9 ヨウ素	$_{54}$Xe 131.3 キセノン
$_{78}$Pt 195.1 白金	$_{79}$Au 197.0 金	$_{80}$Hg 200.6 水銀	$_{81}$Tl 204.4 タリウム	$_{82}$Pb 207.2 鉛	$_{83}$Bi 209.0 ビスマス	$_{84}$Po (209) ポロニウム	$_{85}$At (210) アスタチン	$_{86}$Rn (222) ラドン
$_{110}$Ds [281] ダームスチウム	$_{111}$Rg [272] レントゲニウム	$_{112}$Cn [285] コペルニシウム	$_{113}$Uut [284] ウンウントリウム	$_{114}$Fl [289] フレロビウム	$_{115}$Uup [288] ウンウンペンチウム	$_{116}$Lv [292] リバモリウム	117	$_{118}$Uuo [294] ウンウンオクチウム

$_{64}$Gd 157.3 ガドリニウム	$_{65}$Tb 158.9 テルビウム	$_{66}$Dy 162.5 ジスプロシウム	$_{67}$Ho 164.9 ホルミウム	$_{68}$Er 167.3 エルビウム	$_{69}$Tm 168.9 ツリウム	$_{70}$Yb 173.0 イッテルビウム	$_{71}$Lu 175.0 ルテチウム
$_{96}$Cm 247 キュリウム	$_{97}$Bk 247 バークリウム	$_{98}$Cf 252 カリホルニウム	$_{99}$Es 252 アインスタイニウム	$_{100}$Fm 257 フェルミウム	$_{101}$Md 258 メンデレビウム	$_{102}$No 259 ノーベリウム	$_{103}$Lr 260 ローレンシウム

医療のための化学

工学博士 堀内 孝
工学博士 村林 俊
共著

コロナ社

まえがき

　本書は医療技術者を目指す専門学校生，大学生のための化学の教科書である。医療技術系といっても看護師，理学療法士，作業療法士，臨床工学技士，臨床検査技師，管理栄養士，放射線技師などと専門分野が多岐にわたることから，教科書を執筆するにあたって各分野に精通した教員や卒業生からご意見を頂戴した。各分野の教育カリキュラムに柔軟に対応すること，各分野に共通する重要項目に重点をおくことを本教科書の執筆理念とした。

　本書では，専門分野で登場してくるさまざまな事がらを理解するうえで最低限必要とされる化学の内容に絞り込んだが，学生が何度も読み返すことで納得できるよう，一つ一つの説明には行数を費やしたつもりである。そのため同じ趣向の教科書に比べ図表よりも文字数が多いきらいもあるが，その分，写真や図表を精選し，その説明にこだわったつもりである。「AとBが反応するとCである」的な事がらの羅列がほとんどの，高校時代までの教科書に辟易(へきえき)している学生諸君にとって，読み返すうちに「なぜそうなるのか」を理解できるよう，教科書構成に心がけたつもりである。

　本教科書の構成は3部20章で，第1部は2章構成で，医療や生体と化学との関わり，第2部は10章構成で，生体を構成する原子とその結合，その性質，物質量の取扱いなどの基本的な項目から，酸と塩基や酸化還元のような生体を理解するうえで不可欠な項目までを，系統立てて学習できるよう構成した。第3部では有機化学に8章分を充て，生体を構成する高分子を徹底理解できるよう，かなり詳細な説明を加えた。有機化合物は炭素の結合が骨格となるため結合手を4個もつ炭素では非常に多くのものができるが，系統的な構成により，生体の構成要素である生体高分子の理解が驚くように進むものと期待している。また，付録として有機化合物の命名法，医療における慣用単位と国際単位

を設けた。これを参照すれば，いつでも有機化合物の名称とさまざまな物理量の活用ができるよう資料的要素を高めた。

　各章には「コーヒーブレイク」と称して化学面白話しを掲載した。「潜水病を最初に見つけたのは気体の法則で有名なボイル」にあるように，医療の中のいろいろな事がらは驚くほど化学と関連し，化学で理解できるからである。

　高校を卒業し，もう一度化学を勉強し直す学生にとっても，高校時代に化学を履修できなかった学生にとっても，この教科書が少しでも役に立つことを祈念する次第である。

2012年1月

著者一同

目　　　次

第1部　体と医療の中の化学

1　体の中の化学

1.1　生体の構造と構成元素 ··· *1*
1.2　生体を構成する分子 ·· *3*
1.3　体 液 の 組 成 ··· *4*
1.4　体 液 の pH ··· *5*
まとめ，コーヒーブレイク

2　医療の中の化学

2.1　体液の恒常性と化学 ·· *7*
2.2　血液ガスの恒常性と化学 ·· *8*
2.3　医用材料と化学 ··· *9*
2.4　消毒・滅菌と化学 ·· *11*
コーヒーブレイク，まとめ

第2部　基　礎　化　学

3　物　質　の　構　成

3.1　物質の存在（単体，化合物，純物質，混合物） ······································ *14*
3.2　化学の経験則から原子の存在を推定 ·· *15*
3.3　ドルトンの原子モデル ··· *16*
3.4　原子説と分子説 ··· *17*
3.5　モ ル の 概 念 ··· *18*
まとめ，演習問題，コーヒーブレイク

4　原　子　の　構　造

4.1　ボーアの原子モデル ·· *21*

- 4.2 ボーアの原子モデルから量子力学へ……………………………………… 22
- 4.3 量子数と電子の配置………………………………………………………… 23
- 4.4 パウリの排他律とフント則………………………………………………… 25
- 4.5 電子の配置の表示法—電子式—…………………………………………… 28

まとめ，演習問題，コーヒーブレイク

5 元素の周期性

- 5.1 周期性と周期表……………………………………………………………… 31
- 5.2 イオン化エネルギー………………………………………………………… 33
- 5.3 電子親和力…………………………………………………………………… 35
- 5.4 電気陰性度…………………………………………………………………… 36
- 5.5 原子とそのイオンの大きさ………………………………………………… 38

コーヒーブレイク，まとめ，演習問題

6 物質の量的取扱いと濃度や組成の表し方

- 6.1 物質の量的取扱い…………………………………………………………… 41
  - 6.1.1 陽子，中性子，電子の質量 41　6.1.2 原子の質量と相対質量 42
  - 6.1.3 平均相対質量と原子量 43　6.1.4 分子量と式量 44
  - 6.1.5 物質量（モル），モル質量，モル体積 44
- 6.2 物質の濃度や組成の表し方………………………………………………… 45
  - 6.2.1 質量分率と質量パーセント濃度 46
  - 6.2.2 モル分率とモルパーセント濃度 47
  - 6.2.3 体積モル濃度と質量モル濃度 47　6.2.4 当量濃度 48

まとめ，演習問題，コーヒーブレイク

7 化学結合

- 7.1 イオン結合とその性質……………………………………………………… 51
  - 7.1.1 イオン結合とイオン結晶 51　7.1.2 イオン結晶の性質 52
  - 7.1.3 イオン結晶の構造 53
- 7.2 共有結合とその性質………………………………………………………… 54
  - 7.2.1 共有結合と共有結合分子 54
  - 7.2.2 ルイスの式（電子式）による共有結合の表示 55　7.2.3 配位結合 57
  - 7.2.4 分子の極性 57　7.2.5 共有結合分子・結晶の性質 58
- 7.3 金属結合とその性質………………………………………………………… 59
  - 7.3.1 金属結合 59　7.3.2 金属の性質 60　7.3.3 金属の結晶構造 61

まとめ，演習問題，コーヒーブレイク

8 物質の状態

8.1 物質の三態 ……………………………………………………………… 64
8.2 分子（粒子）の運動 ……………………………………………………… 65
8.3 気液平衡 …………………………………………………………………… 66
8.4 沸点と分子間結合力 ……………………………………………………… 68
8.5 状態図 ……………………………………………………………………… 70
まとめ，演習問題，コーヒーブレイク

9 気体とその性質

9.1 気体の圧力 ………………………………………………………………… 73
9.2 気体の圧縮性 ……………………………………………………………… 74
9.3 ボイルの法則 ……………………………………………………………… 74
9.4 シャルルの法則 …………………………………………………………… 75
9.5 気体の状態方程式 ………………………………………………………… 76
9.6 気体の分圧 ………………………………………………………………… 76
9.7 気体の溶解度とヘンリーの法則 ………………………………………… 76
9.8 医療用ガス ………………………………………………………………… 78
コーヒーブレイク，まとめ，演習問題

10 溶液とその性質

10.1 溶液と溶媒和 ……………………………………………………………… 81
10.2 親水性と疎水性 …………………………………………………………… 82
10.3 溶解度 ……………………………………………………………………… 82
10.4 溶液の性質 ………………………………………………………………… 84
10.5 コロイド溶液 ……………………………………………………………… 86
コーヒーブレイク，まとめ，演習問題

11 酸と塩基

11.1 酸と塩基の定義 …………………………………………………………… 90
11.2 酸度と価数 ………………………………………………………………… 91
11.3 電離度 ……………………………………………………………………… 91
11.4 水の電離とpH …………………………………………………………… 91
11.5 酸の多段電離 ……………………………………………………………… 93
11.6 生体における酸と塩基——緩衝系—— ……………………………… 94

11.7　塩の種類と加水分解……………………………………………………………96
コーヒーブレイク，まとめ，演習問題

12　酸化と還元

12.1　酸化と還元の定義…………………………………………………………100
12.2　酸　　化　　数……………………………………………………………101
12.3　酸化剤と還元剤……………………………………………………………102
12.4　酸化還元反応………………………………………………………………103
12.5　金属のイオン化傾向と腐食………………………………………………106
コーヒーブレイク，まとめ，演習問題

第3部　有機化学

13　有機化学の基本

13.1　炭　素—生命のもと—……………………………………………………109
13.2　有機化合物の基本的性質と構造…………………………………………110
　　13.2.1　炭素の基本構造は正四面体　110　　13.2.2　炭素-炭素の結合　112
　　13.2.3　ヘテロ原子の挿入　114　　13.2.4　ヘテロ原子との不飽和結合　115
　　13.2.5　反応は官能基　115　　13.2.6　同じ組成で異なった化合物—異性体—　117
13.3　有機化合物の表記法………………………………………………………120
まとめ，演習問題，コーヒーブレイク

14　炭素と水素からなる有機化合物—炭化水素—

14.1　炭化水素の分類……………………………………………………………123
14.2　脂肪族炭化水素　アルカン………………………………………………123
14.3　脂環状炭化水素　シクロアルカン………………………………………125
14.4　アルケンとアルキン………………………………………………………126
14.5　芳香族炭化水素……………………………………………………………127
コーヒーブレイク，まとめ，演習問題

15　炭素，水素と酸素からなる有機化合物（1）

15.1　アルコール，フェノールとエーテル……………………………………132
15.2　アルデヒドとケトン………………………………………………………136
15.3　炭水化物—糖質—…………………………………………………………138

まとめ，演習問題，コーヒーブレイク

16 炭素，水素と酸素からなる有機化合物（2）

16.1 カルボン酸……………………………………………………………………146
16.2 トリアシルグリセロール（トリアシルグリセリン）とワックス……………149
まとめ，演習問題，コーヒーブレイク

17 リンや窒素を含む有機化合物（1）

17.1 リン脂質………………………………………………………………………155
17.2 アミン…………………………………………………………………………157
17.3 アミノ酸とタンパク質………………………………………………………159
 17.3.1 タンパク質のアミノ酸 160 17.3.2 タンパク質の機能 162
 17.3.3 タンパク質の構造 162
まとめ，演習問題，コーヒーブレイク

18 リンや窒素を含む有機化合物（2）

18.1 ヌクレオチドと核酸…………………………………………………………167
 18.1.1 構造 167 18.1.2 DNAとRNA 168
 18.1.3 DNAと遺伝情報 171
 18.1.4 エネルギー運搬体としてのヌクレオチド―ATP― 172
 18.1.5 情報伝達物質としてのヌクレオチド―cAMP― 172
18.2 細胞膜―有機化合物の複合体―………………………………………………173
 18.2.1 構造と性質 173 18.2.2 細胞膜の物質透過性 174
 18.2.3 細胞の接着 175
まとめ，コーヒーブレイク，演習問題

19 有機化合物の反応

19.1 化学反応とは…………………………………………………………………178
19.2 どちらの方向に進むのか―自由エネルギー―………………………………179
19.3 どのような速度で反応は進むのか―活性化エネルギー―…………………182
19.4 化学反応の反応速度式………………………………………………………183
19.5 化学反応速度を速くする方法―触媒と酵素―………………………………184
19.6 有機反応の種類………………………………………………………………185
 19.6.1 反応機構による分類 186 19.6.2 反応の種類による分類 187
コーヒーブレイク，まとめ，演習問題

20 高分子

20.1 高分子の分類·· 190
 20.1.1 産出（由来）による分類 190 20.1.2 構造による分類 191
 20.1.3 形態による分類 191 20.1.4 合成法による分類 192
 20.1.5 化学組成による分類 195
20.2 高分子の特徴·· 196
 20.2.1 分子量分布 196 20.2.2 立体規則性 196
 20.2.3 結晶構造 197 20.2.4 熱的性質 199
コーヒーブレイク，まとめ，演習問題

付　　録

A1　有機化合物の命名法

 1.1 命名法における基本構造·· 201
 1.2 母体名··· 202
 1.3 多重結合を表す接尾語··· 202
 1.4 主官能基·· 203
 1.5 接頭語となる置換基··· 203
 1.6 位置番号·· 204
 1.7 日本語名と日本語訳の通則·· 206

A2　医療における慣用単位と国際単位

 2.1 医療分野でよく使用する単位·· 207
 2.2 国際単位系 (SI)·· 208
  2.2.1 SI基本単位 208 2.2.2 SI補助単位 209
  2.2.3 SI組立単位 210 2.2.4 SI接頭語 211
 2.3 慣用単位と単位換算··· 212

引用・参考文献·· 213
演習問題解答··· 214
索　　引·· 217

第1部 体と医療の中の化学

1 体の中の化学

　ミラーの実験（コーヒーブレイク参照）から推測されるように，有機物質は原始の大気中に存在した水素，窒素，水蒸気，メタンから誕生し，海に溶け込んでいったのであろう。原始の海ではさまざまな環境下，それらが多様に反応し，より複雑な構造と機能を有する物質が生まれた。その過程でRNAが創られ，自己複製能を有するDNAが誕生したのであろう。特筆すべきは，これらを外界から隔てる仕組みができ，細胞という生命体の基本が完成したことである。細胞は集合して組織や臓器を構成し，それらが合目的に組み合わされ個体が形成された。

1.1　生体の構造と構成元素

生体を構成する元素を**表**1.1に示す。全地球，地殻の元素存在比（**図**1.1）

表1.1　生体の構成元素

元素名	存在比〔％〕	元素名	存在比〔％〕
酸　素	65	鉄	0.004
炭　素	18	銅	0.00015
水　素	10	マンガン	0.00013
窒　素	3	ヨウ素	0.00004
カルシウム	2	コバルト	
リ　ン	1	亜　鉛	
カリウム	0.35	セレン	
硫　黄	0.25	クロム	微量
ナトリウム	0.15	モリブデン	
塩　素	0.15	ニッケル	
マグネシウム	0.05	フッ素	

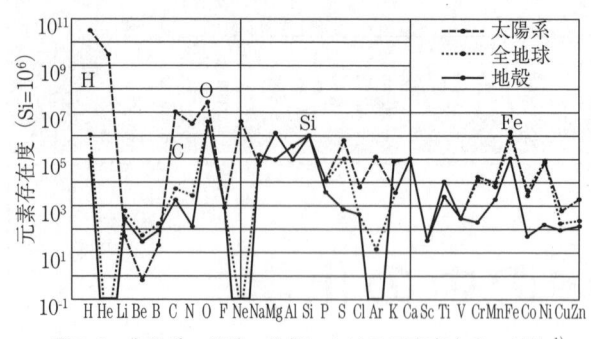

図1.1 太陽系，地球，地殻における元素存在度の対比[1]

に比べ酸素，炭素，水素，窒素をより多く取り込んだことに生命誕生の謎をひもとく鍵がある。これらの4元素の合計で体の96%を占めている。

これらの構成元素がどのように分布しているかは，**図1.2**に示す生体の階層性という視点から捉えるとわかりやすい。個体（例えば，ヒト）は，心臓，肺，腸，血管などの臓器・器官から構成されるが，それぞれの臓器・器官は，上皮組織，支持組織といった組織の集合であり，それらの基本は細胞である。生物的な最小単位である細胞は，核，ミトコンドリアなどのオルガネラから構成され，それらは分子であるタンパク質や糖質，脂質，核酸からなっている。化学的な見方は生体分子を捉えるのに威力を発揮する。なぜならそれらは，アミノ酸，単糖，脂肪酸，ヌクレオチド等々の最小単位の分子から構成され，その分子は原子が結合することでできているからである。

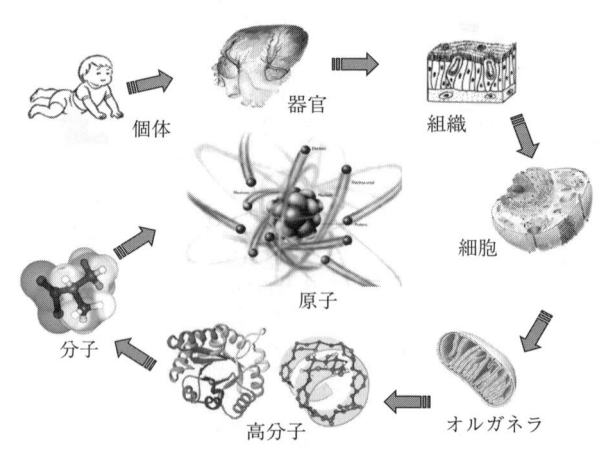

（階層性：個体から原子へ）
図1.2 生体の構造

1.2 生体を構成する分子

それでは，表1.1に挙げた元素は具体的にはどのような生体分子を構成しているのであろう。**表1.2**にその概略を示す。水素と酸素からなる水はヒトの体重の60〜70%を占め，さまざまな溶質を溶かし込んでいる。タンパク質はアミノ酸がペプチド結合した高分子である。構成元素は，炭素C，酸素O，水素H，窒素Nであるが，硫黄Sを含むアミノ酸も2種類ある（17章）。

表1.2 生体を構成する要素

構成する分子	構成する元素	特徴と働き
水	H, O	生体分子や無機塩類を溶かし込む
タンパク質	C, H, O, N, S	アミノ酸の結合した高分子
糖　質	C, H, O	グルコースはエネルギー源（炭水化物）
脂　質	C, H, O, P	エネルギーの貯蔵や細胞膜成分
核　酸	C, H, O, N, P	DNAやRNAの成分
無機塩類	Na, K, Ca, P, …	水に溶けてイオンとして存在。CaとPは骨の成分

グルコース $C_6H_{12}O_6$ に代表される糖質は炭水化物とも呼ばれ，炭素，水素，酸素から構成される。セルロースやデンプンは，このグルコースが長く繋がった（重合）高分子である（15章）。脂質はグリセロール $CH_2(OH)CH(OH)CH_2OH$ の長鎖脂肪酸エステルとして脂肪細胞の中に蓄えられる貯蔵脂質と，細胞膜の構成成分である構造脂質が代表的である（16章）。細胞の核に存在する核酸は塩基とリボース（5単糖）とリン酸から構成され，その構成成分は，炭素，水素，酸素，窒素とリンPである。カルシウムCaとリンは，リン酸カルシウム $Ca_3(PO_4)_2$ として骨の主成分となっているが，必要時に血液中にカルシウムイオン Ca^{2+} として供給される。

含有量は少なくても重要な働きをする微量元素は，酵素の活性部位に結合している場合が多い。酸素運搬に重要な役割を果すヘモグロビンは鉄イオン Fe^{2+}，細胞内のATP産生を司るシトクローム酸化酵素は銅イオン Cu^{2+} を含

む。活性酸素の消去酵素として生体を守るスーパーオキシドデスミュターゼはCu^{2+}や亜鉛イオンZn^{2+}を含む。甲状腺ホルモンにはヨウ素Iが含まれる。

1.3 体液の組成

臨床工学技士，看護師，臨床検査技師は血液を取り扱う業務が多い。血液は細胞外液であり，その量は体重の約8%を占める。図1.3に示すように，密度の違いにより血漿と血球成分に分離できる。血漿成分の主成分は水で，その中にアルブミン，グロブリン，フィブリノーゲンといったタンパク質や電解質，栄養物，老廃物，ガス，調節物質が含まれている。血球成分は，血小板，白血球，赤血球に分離される。

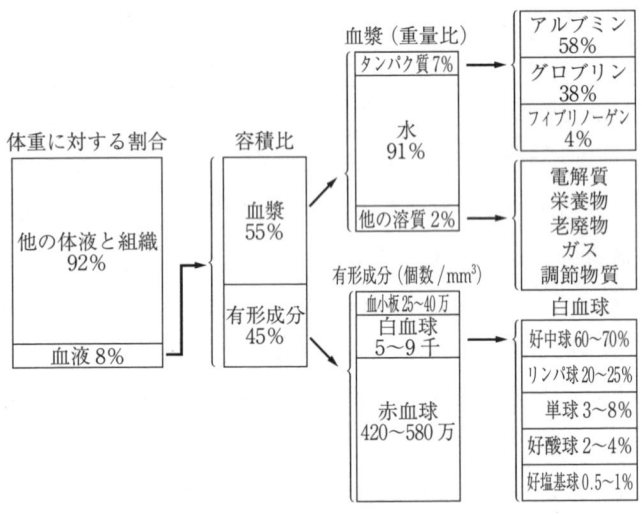

図1.3 生体の構成要素（血液）[2]

図1.4に示すように，細胞外液では陽イオンとしてナトリウムイオンNa^+，陰イオンとして塩化物イオンCl^-，重炭酸イオンHCO_3^-が多い。一方，細胞内液は細胞膜によって隔離されており，その組成比は大きく異なる。細胞内液では陽イオンとしてカリウムイオンK^+，陰イオンとしてリン酸一水素イオン

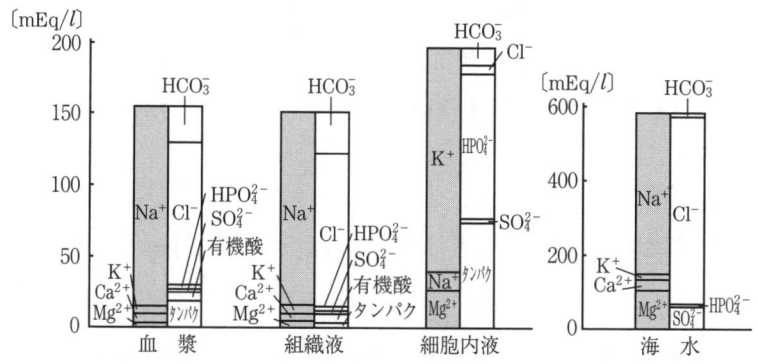

図 1.4 体液の電解質組成 [3)]

HPO_4^{2-} やタンパク質が多い。炭酸 H_2CO_3 と HCO_3^-，リン酸 H_3PO_4 と HPO_4^{2-} は重要な生体内の緩衝系を形成し，pH の急激な変動を抑える役目をしている（11 章）。

体重の 60% 以上を占める水 H_2O は，生体に必要な物質のみならず不要な老廃物の多くを溶かし込み，輸送する。水は酸素 1 個に水素が 2 個共有結合した分子である。水分子全体では中性であるが，酸素が電子を引き付けやすいため分子の中で極性が生じ，酸素はわずかに負に，水素はわずかに正に荷電している。この極性がさまざまな特徴的な性質，例えば常温（20℃）で液体であったり，さまざまな物質を溶かし込む性質を生む源となっている。(7, 8, 10 章)

1.4 体液の pH

水は無味，無臭であるが，食酢やトマトジュースは酸っぱく感じる。これは水素イオン H^+ の濃度 $[H^+]$ が異なるからである。水はわずかに電離しており，純水の場合，$[H^+]$ =約 10^{-7} mol/l，食酢はもう少し電離しやすく $[H^+]$ =約 10^{-3} mol/l である。この値は 10^4 倍異なる。胃液に至っては $[H^+]$ =約 $10^{-1.5}$ mol/l なので $10^{5.5}$ 倍となる。このような広い数値範囲の値を簡単に表すには，対数を用いたべき数の表示が便利である。これが pH の定義に利用された。log の

前に負の記号をつけたのは，水素イオン濃度 $[H^+]$ が小さくべき数が負の値であるので，そのままだと負の値になるからで他の理由はない．この pH の式に上記の数値を代入すると，純水の pH = 7, 食酢の pH = 3, 胃液の pH = 1.5 となる．

[水の電離]

$$H_2O \rightleftarrows H^+ + OH^-$$

[pHの定義]

$$pH = -\log_{10}[H^+] = \log_{10}\frac{1}{[H^+]}$$

血液の pH はわずかにアルカリ性で，7.35＜pH＜7.45 が正常とされている．この狭い範囲に pH を維持するため，炭酸やリン酸の緩衝系が働く（11章）．

まとめ

1. 生体の構成元素の96％は酸素，炭素，水素，窒素で占められる
2. 生体の構造は階層的である
   個体→臓器・器官→組織→細胞→オルガネラ→高分子→分子→原子
3. 生体のおもな構成要素は水，タンパク質，糖質，脂質，核酸である
4. 血液は血漿成分と血球成分からなる．血漿成分の主成分は水で，その中にタンパク質，脂質，糖質，電解質が含まれる
5. 血液の生理的 pH は 7.4 である

コーヒーブレイク

ミラーの実験

原始の大気と海で起こったと思われる簡単な無機物質から有機物質への合成が，1953年ミラーらによってフラスコ内で再現されました（図1）．

メタン，アンモニア，水素，水蒸気の混合気体に放電を繰り返すことにより，簡単なアミノ酸や塩基が生成されたのでした．

その後，多くの実験がなされ光の到達しない水の中や放射線の照射によっても有機物質の合成が可能であることが示されました．[4),5)]

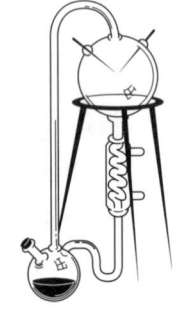

図1　ミラーの実験[4)]

2　医療の中の化学

　恒常性とは，「ある状態を保つ」ことであり，多少外部の環境が変わろうが内部はいつも同じ状態を保つということである。階層性はまさに恒常性維持のためのしかけである。この生体の恒常性に障害が生じると病気になる。したがって，医療とは本来生体がもっている恒常性の維持を手助けする行為である。本章では，化学という物差しで実際の医療技術を捉えることにする。そのことにより，3章以降に紹介する化学の基礎がいかに重要か理解してもらいたいからである。

2.1　体液の恒常性と化学

　生体は，食事から摂取した，水分，タンパク質，脂質，糖質，電解質などの中から必要なものを吸収し，体に不必要なものを便や尿に排泄することで，体の中を一定の環境に保ちながら生命活動を行っている。尿は腎臓で作られるが，その腎臓に障害が生じ（腎不全）尿ができなくなると，通常，尿に排泄されている物質が蓄積し，体液の恒常性が失われる。

　血液の中からこれらの物質を取り除くために，透析という方法が利用されている（**図2.1**（a））。秩序化されている透析チューブ内の溶質は，無秩序になろうとして透析膜を通過してビーカー全体に広がっていこうとする。これをエントロピー増大の法則といい，熱力学の重要な法則の一つである（19章）。透析膜をうまく選べば，通過できるもの（黒丸）とできないもの（白丸）を，溶質の大きさの違いにより分離することができる。したがって，血液中の物質の大きさや（6章，17章），高分子材料（20章）である透析膜についての知識が増えれば，透析がよくわかるようになる。

　図2.1（b）で示すように半透膜で仕切られた溶液と溶媒の間では，溶媒分

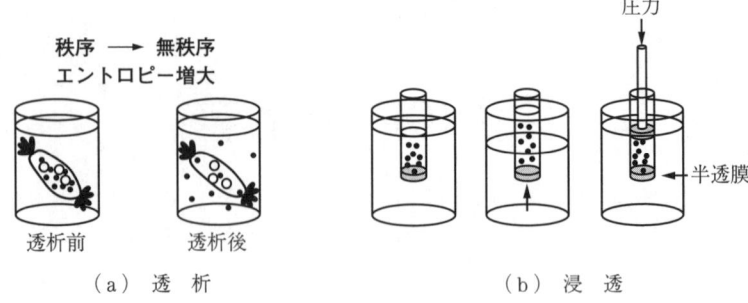

図2.1 透析と浸透

子が溶質側へ浸透する。これもエントロピー増大の法則による。溶媒の浸透を阻止するために必要な圧力が浸透圧であり，体内や透析での水の移動において重要な役割を果たす（10章）。

2.2 血液ガスの恒常性と化学

心臓と肺の役目は，体中の組織が必要とする酸素を供給し，細胞の活動によって生じた二酸化炭素を体外に排出することである。脳の細胞は，酸素の供給が数分でもとどこおれば，不可逆な障害を起こしてしまうので，この血液ガスの恒常性の維持は，即，生死に関わるので重要である（コーヒーブレイク参照）。

呼吸器系に障害が生じると血液ガスの恒常性が失なわれるが，これらを維持するためには大きく分けてつぎの三つの方法がある。

　　（1）人工呼吸器
　　（2）人工肺
　　（3）高気圧治療

（1）は呼吸筋の代役であり，強制的に空気や酸素を肺に送り込む方法で，生体の肺胞を介するガス移動には変りない。（2）は肺胞の代りに人工的な膜で血液中のヘモグロビンに酸素を供給させようとする方法（図2.2），（3）はヘモグロビンが働けない状況下，例えば潜水病のように何らかの理由で赤血球が循環できない場合，酸素を血漿に溶かし組織に送る方法である（図2.3）。

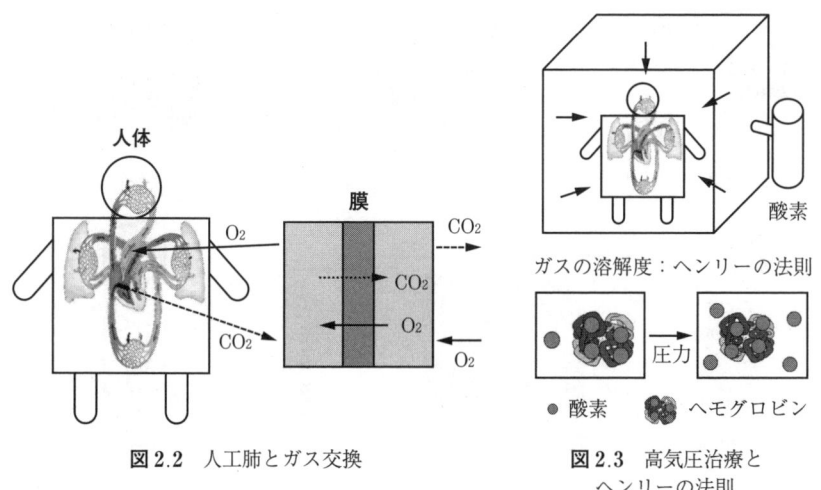

図 2.2 人工肺とガス交換

図 2.3 高気圧治療とヘンリーの法則

（2）では多孔質ポリプロピレンやシリコーンといったガス透過性のよい膜を利用し，（3）では気体の溶解度が圧力に比例すること（9章）を原理としている。気体の酸素，二酸化炭素が液体である血液中にどのように運ばれるか理解するには，化学的知識が必要である。

2.3　医用材料と化学

人工腎臓膜や人工肺膜も含め，20世紀中盤からさまざまな医用材料が広く使われるようになった（図 2.4）。中には体の中で生体組織と共存している材料もあるが，いったいどのような材料が医療用として使用されているのであろう（表 2.1）。

金属は加工しやすいため歯科充填物として紀元前から用いられており，医用材料としての歴史も長い。人工歯根，人工弁，人工関節骨幹部，人工心臓部品など，力学的な強さの必要な場所に用いられているが，生体内は電解質溶液で満たされた環境なので，腐食の影響を受けやすい。金属の構造，性質については7章の化学結合，腐食については12章の酸化と還元で詳しく学習する。

セラミックは一般的に硬く，金属に比べ軽量で腐食しにくいので，人工骨や

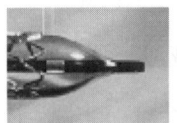

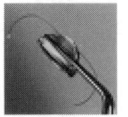

（a）ステント　　　（b）人工弁（金属，　　（c）眼内レンズ
　　（金属）　　　　　　セラミックス，有機）　　（有機）

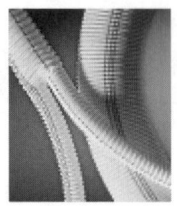

（d）人工関節（金属，　（e）人工血管　　（f）人工歯根（金属，　（g）人工肺（有機）
　　セラミックス，有機）　　（有機）　　　　セラミックス）

図 2.4　各種医用材料の使用例[6),7)]

表 2.1　医用材料の分類[8)]

材料の種類	性　質	例
金属材料	加工しやすい 腐食を受けやすい	人工関節（骨幹部） 歯科材料 骨固定用材料，等
セラミックス材料	腐食を受けない 硬く加工しにくい	人工骨 人工関節（骨頭部） 人工弁（弁葉），等
有機材料	加工・成形しやすい 多種類・多機能	各種医療用膜 カテーテル，人工血管， 眼内レンズ，等

人工関節に用いられている。代表的な例は金属の酸化物の酸化アルミニウム（別名アルミナ）で，人工関節の骨頭部に用いられている。

　天然に存在する高分子材料は，植物由来のセルロース，昆虫由来のフィブロイン，動物由来のコラーゲンなど，炭素，水素，酸素，窒素など非金属の元素が結合してできたものが多い。一方，合成高分子は重合性の高いモノマーを多数結合（重合）して作られるが，モノマーの多くは炭素骨格を有している。

例えば，輸血・輸液パックや点滴セットはポリ塩化ビニル，注射器はポリプロピレン，ゴミ袋はポリエチレンが用いられている。同じポリエチレンでも高密度ポリエチレンは硬く，耐磨耗性がよいので人工関節のソケット部に用いられている。このように有機化合物は種類も非常に多く，用途も多岐にわたっている。また，生体の主要な構成分子ともなっているので，13章から20章まで8章にわたって学習する。

2.4 消毒・滅菌と化学

患者，医療従事者さらには周囲への生物学的な安全性を保証することは，医療に携わる者にとって不可避な重要事項である。医療用具，機器，材料の消毒および滅菌の法令や方法については専門科目の中で学ぶこととし，ここでは使用される媒体（薬液，水蒸気）の働きと関連する章へのリンクを行い，これらの清潔，清浄な操作の化学的な理解を深める。

消毒とは，人に対して有害な微生物（病原微生物）を殺すことであり，3段階のレベルに分けられる（**表2.2**）。低レベル消毒では創傷のない皮膚など，中レベル消毒では口腔や直腸へ挿入する温度計の消毒などの粘膜に直接接触する器具や材料の消毒で，アルコール系，塩素系が用いられている。高レベル消

表2.2 消毒と滅菌[9]

消毒：人に対して有害な微生物（病原微生物）を殺すこと
　　低レベル　　アルコール系（エチルアルコール，イソプロピルアルコール），塩素系（次亜塩素酸ナトリウム）
　　⇒中レベル
　　　⇒高レベル　　グルタルアルデヒド
　　　　　　　　　　過酸化水素，過酢酸
　　　　　　　　　　オルトフタルアルデヒド

滅菌：すべての微生物と芽胞（細菌胞子）を殺すこと，または取り除くこと　　物理的滅菌　　化学的滅菌

毒では組織内や血管内，血液と直接接触する機器，材料を対象とする消毒で，アルデヒド系，過酸化水素，過酢酸が用いられている。

アルコール系の消毒剤のエチルアルコール C_2H_5OH，イソプロピルアルコール $(CH_3)_2CHOH$ は，アルキル基 R（炭化水素基の総称：13 章）と水酸基 $-OH$ からなり，細菌の壁を壊す（15 章）。次亜塩素酸ナトリウム NaClO はその酸化力で微生物を殺傷する（12 章）。グルタルアルデヒド $OHC(CH_2)_3CHO$ は反応性の高いアルデヒド基 $-CHO$ を両端にもち，微生物のタンパク質を変性させる。アルデヒドの反応性は 15 章で学ぶ。

コーヒーブレイク

血液の恒常性を保つしかけ

血液は循環していますが，そこに含まれている赤血球中のヘモグロビンは何をしているのでしょうか。① 大気から取り込まれた酸素は組織から戻ってきたヘモグロビンに結合し，組織（細胞）へ再び運ばれます。② 肺では二酸化炭素がガスとして呼気に排出されますので，この酸素とヘモグロビン (HbH^+) の結合の際，③ プロトンが離れ，組織から血流で運ばれてきた重炭酸イオン HCO_3^- と結合し炭酸となります。したがって，この反応は肺では右向きに促進されます（肺）。

一方，④ 組織では酸素の燃焼で生じた二酸化炭素が赤血球中に拡散し，⑤ 酵素（CA：カルボニックアンヒドラーゼ）の助けを借り水と結合し炭酸をつくりますが，⑥ 電離したプロトンがヘモグロビンに結合し肺に戻ります。⑦ 相棒の重炭酸イオンはイオンの形で血流中を肺に戻ります。このように，ヘモグロビンは酸素を運ぶだけでなく，二酸化炭素の輸送にも重要な役割を果たし，血液の恒常性を維持しています（図 2）。

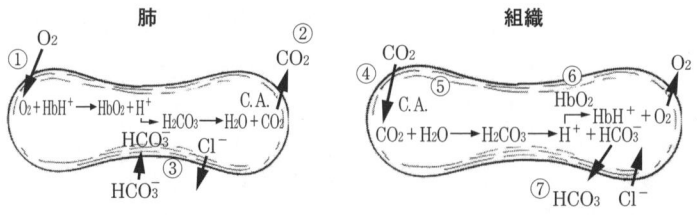

図 2 赤血球内の恒常性維持の機構 [10]

滅菌とはすべての微生物と芽胞（細胞胞子）を殺すことであり，物理的滅菌法が主流であるが，加熱や放射線を用いることのできない材料には化学的滅菌法が用いられている（表2.2，**表2.3**）。エチレンオキシドガスは微生物の核酸やタンパク質をアルキル化し変性させる。そのほか，安定化過酸化水素や過酢酸のように，酸素ラジカルを発生し，その強い酸化力で滅菌効果を発揮するものも多い。微生物や芽胞を死滅させるのではなく，ろ過滅菌のように，大きさで除外する滅菌法もあることも覚えておいてほしい。

表2.3 物理的滅菌法と化学的滅菌法[8]

物理的滅菌法	加熱法（高圧蒸気滅菌，乾熱滅菌） 照射法（放射線滅菌，電子線滅菌） ろ過法（ろ過滅菌）
化学的滅菌法	ガス法（エチレンオキシド） 薬液法（グルタルアルデヒド，安定化過酸化水素，過酢酸）

まとめ

1. 基本的な化学の項目により医療で起こり得る事象を理解することができる
2. 人工透析，人工肺　　高分子膜（20章），親水性と疎水性（10章），酸塩基平衡とpH（11章）
3. 高圧酸素療法　　気体の性質（9章），ヘンリーの法則（9章）
4. 医用材料　　物質の構成（3章），物質の結合（7章），イオン結合（7章），共有結合（7章），金属結合（7章），高分子化合物（20章）
5. 消毒・滅菌と化学
　　消毒とは「人に対して有害な微生物を殺すこと」
　　　化学的消毒：アルコール系，アルデヒド系，塩素系など
　　滅菌とは「すべての微生物と芽胞を殺すこと（取り除くこと）」
　　　化学的滅菌：エチレンオキシド，グルタルアルデヒド，過酢酸など

第2部 基礎化学

3 物質の構成

　万物が「水や火，空気や土」からなると考えられていた古代ギリシャ時代から，人々は物質を構成するものは何であるかを追い求めた。この探究心が科学技術の発展につながり，身近な鉱物や大気から多くの元素が分離され，その性質が調べられた。核融合などで人工的に作られた元素を含めると，現在，地球には120種類の元素が存在している（コーヒーブレイク参照）。その間，さまざまな化学的経験則が生まれ，万物は原子によって構成されているという原子説が登場するに至った。

3.1　物質の存在（単体，化合物，純物質，混合物）

　身の回りにある物質はどのように構成されているのだろう（図3.1）。窒素ガスと酸素ガスが体積比4：1で混ざり合ったものが空気，水の中に塩化ナトリウムを溶かしたものが食塩水であり，ともに混合物である。酸素ガス，窒素ガスや水素ガスは，おのおの1種類の元素からなる物質なので単体と称し，水のように2種類以上の元素からなる物質を化合物という。1種類の化合物または単体からなるものを純物質という。

　　　1種類の物質だけからなるもの：純物質
　　　　　1種類の元素だけからなる純物質：単体
　　　　　2種類以上の元素からなる純物質：化合物
　　　いくつかの物質が混ざり合ったもの：混合物

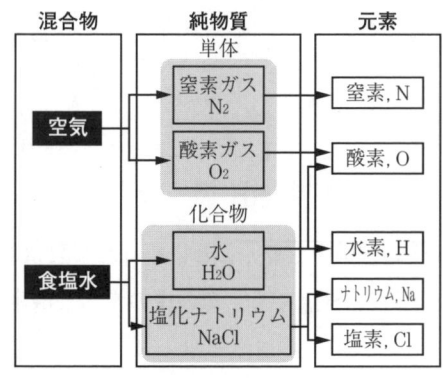

図 3.1 混合物，純物質，単体，化合物の関係

3.2 化学の経験則から原子の存在を推定

物質が原子からなるという原子の存在へ導いた三つの化学の経験則を**表 3.1**に示す。1774 年ラボアジェが質量保存の法則を発表する以前は，物質の燃焼とは「物質に含まれるフロギストン」というものが物質の外に出ることと信じられていた。**図 3.2（a）**にあるように，木炭を燃やしたとき，重さが軽くなるのはこのフロギストンによるものとしたのである。ラボアジェは精密な測定により，燃焼前後の総質量に変化がないことを示した（図 3.2（b））。ここに，フロギストン説は終焉した。

精密な測定技術は，純粋な化合物の構成元素の比は量の大小に関係なく一定

表 3.1 原子の存在を導いた化学の経験則

法則	発見年	発見者（国籍）	内容
質量保存	1774	ラボアジェ（仏）	化学変化の前と後ろで質量の総和は不変
定比例	1799	プルースト（仏）	ある化合物を構成する成分元素の質量比はつねに同じ
倍数比例	1803	ドルトン（英）	2 種類の元素からなる化合物において一方の元素の数を同じにした場合，構成する他の元素の質量比は簡単な整数となる

(a) フロギストン説　　　　　(b) 質量保存の法則

図 3.2　物質の燃焼の説明

であるという，定比例の法則をも導くことになった（図3.3；1799年プルースト）。純水な水は 18 g でも 180 g でも，その中の水素と酸素の質量比はつねに1：8 である。

1803 年ドルトンは，2 種類の元素からなる二つの化合物において，一方の元素 ○ の数を同じにした場合，他方の元素 ● の数は簡単な整数になることを示した。これを倍数比例の法則と称する。図3.4は炭素 ○ と酸素 ● からできる一酸化炭素と二酸化炭素を炭素数を同じにした場合，酸素数が 1：2 という簡単な整数比になることを示した例である。

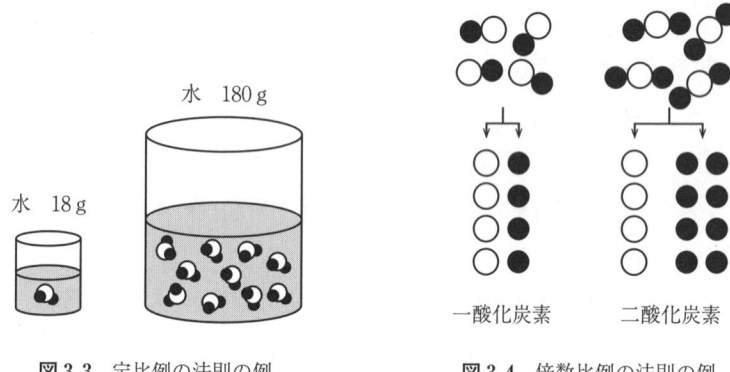

図 3.3　定比例の法則の例　　　　図 3.4　倍数比例の法則の例

3.3　ドルトンの原子モデル

これらの実験事実を明確に説明できるモデルに取り組んでいた英国の科学者ドルトンは，1803 年，物質は原子という粒子で構成されているという原子説

を提唱した。

> **ドルトンの原子説**
> 1. 物質は原子 (atom) という小さな粒子でできている。
> 2. 原子の大きさも質量も元素の種類によって異なる。
> 3. 化合物は成分元素の原子が一定の割合で結合してできる。
> 4. 化学変化は原子同士の結合の仕方を変えることであり，原子自身には何の変化も起こらない。

ここで，元素と原子という用語が使い分けられていることに注意してほしい。この少々紛らわしい元素と原子の定義について触れておく。原子は原子核と電子から構成されている粒子である（1）。もちろん，原子核を構成している陽子も中性子も粒子である。一方，全体が同じ種類の原子で構成されているものが元素である。元素の種類が異なれば，それを構成している原子の陽子数も異なり結果，質量も異なる（2）。例えば「ブドウ糖という化合物 $C_6H_{12}O_6$ の成分元素は，炭素，水素，酸素であり，それぞれの原子が 1：2：1 の割合で結合してこの分子を構成している。」（3）

ドルトンの原子モデルは，その後のトムソンによる電子の存在の確認（1897年），1908 年ペランによる原子の存在の実験的証明，ラザフォードによる原子核の発見（1911 年）を経てボーアの原子モデル（1913 年）へと発展した。4 章で述べる現在の原子モデルは，電子を粒子と波動の両方の性質をもつものとして取り扱った波動方程式を解くことにより，電子の存在する場所の存在確率を求めるものであるが，200 年前の原子説に端を発していることは確かである。

3.4 原子説と分子説

ゲイリュサックは水素ガスと酸素ガスの燃焼（$2H_2 + O_2 \rightarrow 2H_2O$）において両者の体積比がつねに 2：1 という簡単な整数比になることを見いだした。これに基づき，すべての気体の反応に拡張した気体反応の法則「気体反応におい

て，反応物質も生成物質もその体積は簡単な整数比となる」を築き上げた(1808年)。

水素と塩素から塩化水素が生成する反応においてその体積比を測定すると，1：1：2である。これをドルトンの原子説で表すと1：1：1となり，事実と反することになる。1811年アボガドロは，分子説「気体は2個以上の原子からできている分子という粒子の集団であり，同じ温度，同じ圧力，同じ体積の気体は，その種類に関係なく同じ数の分子を含み，分子が反応するときには原子に分かれる」にてこの矛盾を解き明かした（図3.5）。

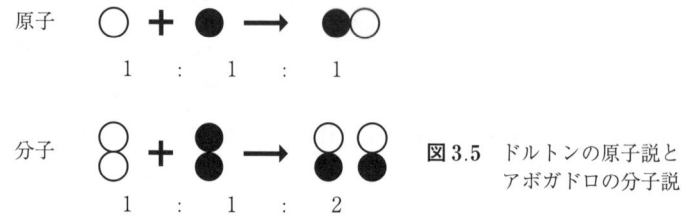

図3.5 ドルトンの原子説とアボガドロの分子説

3.5 モルの概念

モルは，「化学におけるダース」と捉えてよい。12本を1ダースと数える方が便利なときがあるように，質量の小さい原子（例えば，水素原子の質量＝1.6735×10^{-24}g）は，ある数を集めた方が実際的である。そこで登場したのがモルという概念であり，アボガドロが化学史に残したもう一つの業績である。1805年当時は，現在の^{12}Cではなく水素を基準とした。すなわち，水素原子を集め質量が1となる数をアボガドロに因んでアボガドロ数と称し，その集合をモルとした。その基準は，水素から1890年代に酸素，最終的には1960年に炭素^{12}Cの質量＝12を基準にしたSI基本単位のモルが定められた（SI単位については付録A2 参照）。

炭素^{12}Cの質量は19.926×10^{-24}gであるので，12gの^{12}Cは12g÷(19.926×10^{-24}g/個)＝6.022×10^{23}個の原子が存在する。これがアボガドロ数の値であ

る。他の元素の原子量は $^{12}C=12$ に対する相対値であるので，ある元素の原子量と同じ質量を有する元素はアボガドロ数個の原子を有することになる。例えば，Al の原子量は 27 であり，27 g の Al は 6.022×10^{23} 個の原子を有する。6 章でも述べるが，この概念は分子へも拡張されている。

まとめ

1. 純物質：1種類の物質からなるもの　　　　　（例）H_2, N_2, CO_2
2. 混合物：いくつかの物質が混ざり合ったもの　（例）空気
3. 単　体：1種類の元素からなる純物質　　　　（例）H_2, N_2
4. 化合物：2種類以上の元素からなる純物質　　（例）CO_2
5. 質量保存の法則：化学変化の前と後では質量は変化しない
6. 定比例の法則：化合物の成分元素の比は一定
7. 倍数比例の法則：2種類の元素からなる化合物において，一方の元素の数を同じにした場合，構成する他の元素の質量比は簡単な整数となる
8. ドルトンの原子説：すべての物質は原子という小さな粒子からなる
9. アボガドロの分子説：気体は2個以上の原子からできている粒子の集団である
10. モルの概念：原子の集合。（鉛筆の1ダースと類似）ただし，6.022×10^{23} 個の集合

演 習 問 題

3.1　空気の組成はなにか。
3.2　以下の物質は純物質か混合物か。
　　（a）海水　　（b）合金　　（c）二酸化炭素　　（d）水素　　（e）石油
3.3　水 18 g と 180 g に含まれる水素と酸素の質量比は同じか。
3.4　一酸化炭素 CO に含まれる成分元素の質量比は，炭素：酸素 = 3：4 である。二酸化炭素 CO_2 に含まれる成分元素の質量比はいくらか。
3.5　酸素ガス 1 モル中に酸素分子 O_2 は何個あるか。

コーヒーブレイク

元素の発見史

現在 120 種類の元素が収載されていますが，それらの元素を 4 期に分けてまとめてみました（図3）。ラボアジェによる質量保存の法則（1774年）が発表され錬金術に終焉が訪れるまでを■，それ以降メンデレーエフによる周期表（1869年）が発表されるまでを■，量子論が確立され現在の原子モデルができあがるまでを□と，それ以降を□とすると，下図のようなマッピングとなります。元素の分析方法や精製のしかたなどいろいろな科学史上の起点でも別のマッピングができるので，是非試してみましょう。

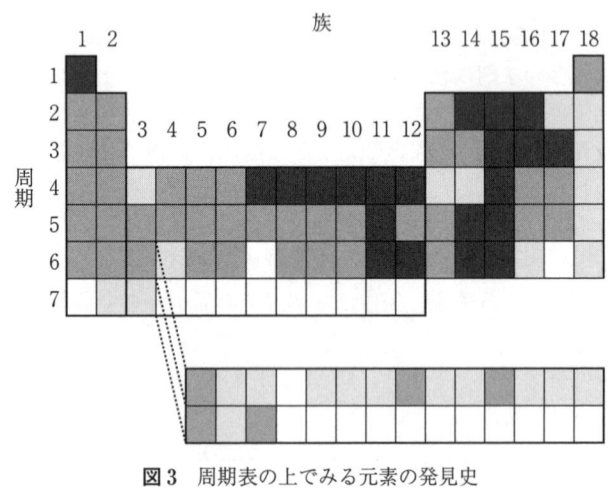

図3 周期表の上でみる元素の発見史

4 原子の構造

　ドルトンは原子をそれ以上分割できない最小の粒子としたが，いったいその内部構造はどのようなものになっているのであろう。19世紀の後半から今日までさまざまな実験と理論化が繰り返され，原子が陽子，中性子，電子で構成されていることが明らかとなった。負に荷電した電子は粒子と波動の性質を合わせもち，正に荷電した原子核の周りのある決まった領域に存在するとしたモデルが，現在受け入れられている原子モデルである。この原子の内部構造，とりわけ電子がどのように存在しているかを学ぶことにより，原子と原子の結合やそれらの組み換え，すなわち化学変化を理解することができる。

4.1　ボーアの原子モデル

　水素放電管から発するスペクトルが，連続スペクトルではなく数本の線スペクトルであるという実験的事実を説明するため，1913年ボーアは原子核の周りを電子が限られた軌道にのみ運動するという画期的な原子モデルを提唱した（コーヒーブレイク参照）。図4.1に示すように，原子核を中心とした同心球状の電子殻という概念の導入である。

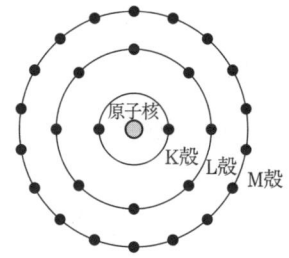

図4.1　ボーアの原子モデル

4.2 ボーアの原子モデルから量子力学へ

ボーアの原子モデルは，正に荷電した原子核の周りを電子が運動するというものであるが，電子を粒子として取り扱っているため理論的には電磁気学に従わなくてはならない。つまり電気を帯びた粒子すなわち電子は，光を発散しながらエネルギーを失うことになり，原子核に衝突してしまうことになる（図4.2）。実際の原子ではこのようなことは起こっていないので，このモデルの致命的な欠陥がそこにあった。

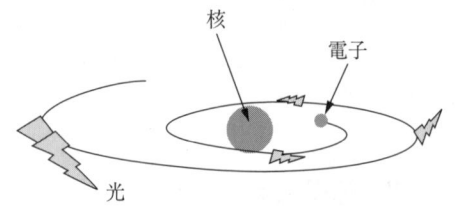

図4.2 ボーアの原子モデルの欠陥

新たな理論は，量子化を保持したままボーアの原子モデルの欠陥を補うべく，電子を粒子としてだけではなく波動としても捉えるという考えである。1924年ド・ブロイはアインシュタインの提唱した「運動する質量 m の物体のエネルギー E は光速の2乗に比例する；$E=mc^2$」とマックスプランクの提唱した「波動のエネルギーは周波数 ν に比例する；$E=h\nu$」から，電子の波動性と粒子性を関連づける画期的な式を導いた。

$$\lambda = \frac{h}{mv}$$

この新しい考え方に基づく力学が波動力学または量子力学である。例えば，質量 $m=9.1\times10^{-28}$g の電子が $v=9.4\times10^5$m/s で運動するとき，波長 $\lambda=0.78$nm（X線領域：0.1nm～1nm）の電磁波となる。h はプランク定数で 6.63×10^{-34}J·s である。

原子の中の電子波のもつエネルギーが，運動によるエネルギー $mv^2/2$ と原子核と電子の間のポテンシャルエネルギー q_1q_2/r^2 の和であるという数学的記

述に基づき，シュレジンガーは波動方程式を導いた。ここで q_1, q_2 は力を及ぼし合う粒子の電荷の大きさ，r は粒子間の距離である。この式は原子のレベルで成立する力学の基本式であり，その解は三つの量子数，すなわち主量子数 n，方位量子数 l，磁気量子数 m_l で表される。これを立体的な図形に表したのが，電子が存在し得る領域を示した電子雲である。ここに電子軌道論に基づいた原子モデルの礎が築かれた（**図4.3**：電子雲の輪郭）。

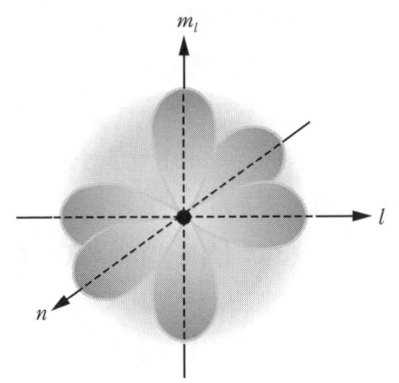

図4.3 電子軌道論に基づいた原子モデル [12]

4.3 量子数と電子の配置

すでに図4.3に表示された電子の軌道と波動方程式の解として得られる主量子数，方位量子数，磁気量子数とはいったいどのように対応するのであろう。おのおのの軌道での，電子のエネルギー準位（**図4.4**）に対応させながら理解しよう。

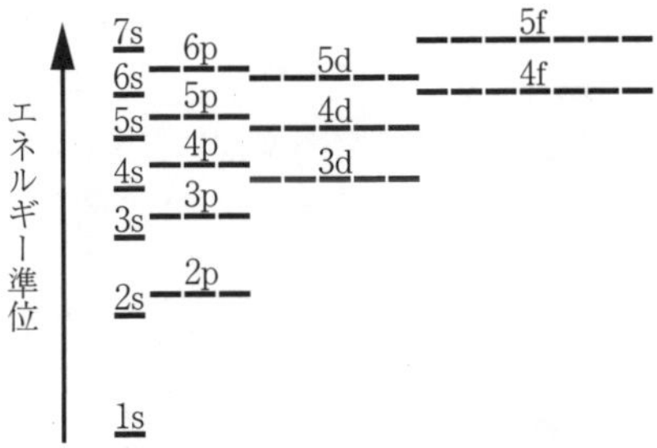

図4.4 エネルギー準位

主量子数 n：核からの距離とエネルギー準位を大まかに規定する量子数。

主量子数 1, 2, 3, 4, …に対応して K 殻, L 殻, M 殻, N 殻…と電子殻を記号表記する。1 が核に最も近くエネルギー順位が低い。

方位量子数 l：軌道の形や主量子数ほどではないがエネルギー準位を規定する量子数。

主量子数 n に対し 0, 1, 2, …, $(n-1)$ の値をとる。例えば，$n=3$（M 殻）の方位量子数は 0, 1, 2 である。副殻は方位量子数に対応し，この方位量子数 $l = 0, 1, 2, \cdots$ を一般的に副殻表記 s, p, d, … で示している。図 4.5 (a-左) では副殻 s ($l=0$) 内で電子の存在する確率の高いところを濃く，低いところは淡く示してある。これを電子雲という。その輪郭をなぞると s 軌道は角度依存性の節面がない球となる (a-右)。副殻 p ($l=1$) は x, y, z 軸を貫く鉄アレイ状（角度依存性の節面を一つもつ（c））, 副殻 d ($l=2$) はさらに複雑な形状である。角度依存性の節面を有しない s 軌道も主量子間では節があることに注意してほしい（b）。

方位量子数 l	0	1	2	3	4	5	…
副殻表記	s	p	d	f	g	h	…

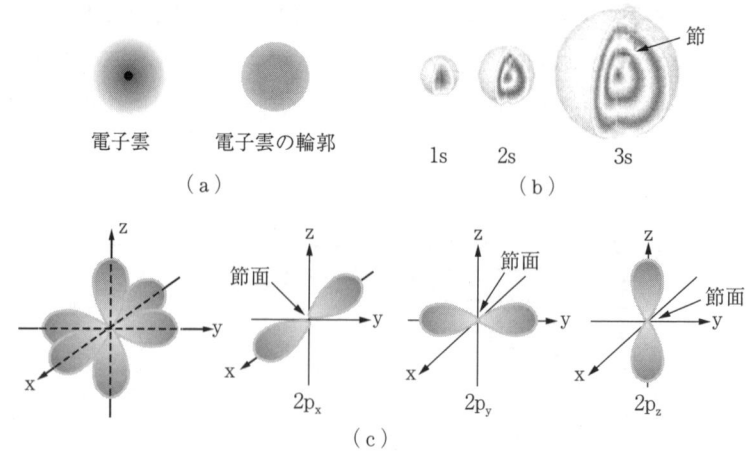

図 4.5　電子軌道の種類と形

磁気量子数 m_l：軌道の数を規定する量子数。各副殻 s，p，d，…は1個以上の軌道をもつ。角度依存性の軌道（p，d，…）においてその広がりの向きを決める。

　　方位量子数 l に対し，$-l$ と $+l$ の間の整数をとる。例えば，副殻 d は方位量子数 $l=2$ なので，磁気量子数は -2，-1，0，$+1$，$+2$ で五つの軌道があることを示す。副殻 p は同様 $l=1$ なので，-1，0，$+1$ で三つの軌道を，副殻 s は $l=0$ で一つの軌道を有する（図4.5）。

　それぞれの軌道にはスピンを異にする状態を有する。すなわち，一つの軌道には二つの電子が収容可能となる。これを規定する量子数をスピン量子数 m_s と称し，$m_s=+1/2$，$m_s=-1/2$ と表す。これは磁場のN極に向かうか，S極に向くかという意味である。副殻 s は最大2個，副殻 p は6個，副殻 d は10個の電子を収容可能である。ヘリウムが2個の電子を 1s 軌道に収容可能という意味は $m_s=+1/2$ の電子が形成する s 軌道と，$m_s=-1/2$ の電子が形成する s 軌道が完全に重なり合うことである。他の p 軌道，d 軌道，…でも同じことである。

　ここで，もう一つ重要なことは，原子の中のすべての電子がこの四つの量子数によって規定されるということである。$n=1$，$l=0$，$m_l=0$，$m_s=+1/2$ は $(1,0,0,+1/2)$ と表され，1s の電子を意味する。

4.4　パウリの排他律とフント則

　各軌道には，エネルギー準位の低い順に電子が収容される。図4.6 はその順序を示すが，図4.4で示したエネルギー準位と見事に一致する。

　各軌道にはスピンの異なる電子が最大2個収容できる。それ以上収容すること，すなわち，四つの量子数で規定された場所に複数電子が入ることはない。これをパウリの排他律と称す。

　このスピンの向きを↑と↓で表すと，水素 1s：[↑]，ヘリウム $1s^2$：[↑↓] と表記できる。以降，リチウム Li $1s^2 2s^1$：[↑↓][↑]，ベリリウム Be $1s^2 2s^2$：[↑↓][↑↓] となり，

26   4. 原子の構造

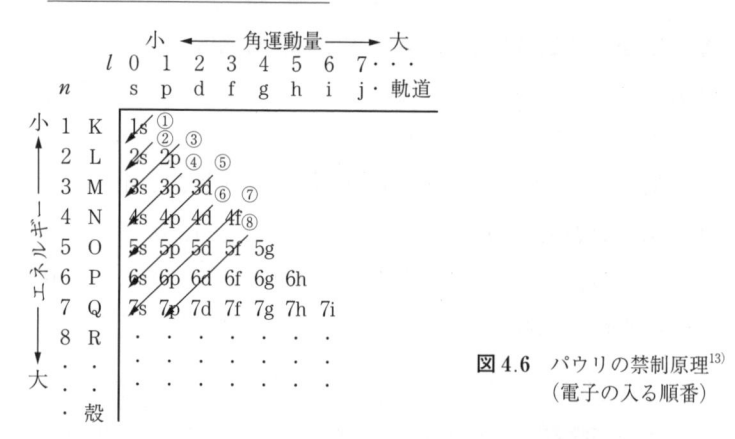

```
           小 ←―― 角運動量 ――→ 大
         l  0  1  2  3  4  5  6  7 ···
      n     s  p  d  f  g  h  i  j ·軌道
小  1  K   1s ① ② ③
 ↑  2  L   2s  2p ④ ⑤
エネ 3  M   3s  3p  3d ⑥ ⑦
ネル 4  N   4s  4p  4d  4f ⑧
ギー 5  O   5s  5p  5d  5f  5g
 ↓  6  P   6s  6p  6d  6f  6g  6h
大  7  Q   7s  7p  7d  7f  7g  7h  7i
    8  R    ·   ·   ·   ·   ·
    ·  ·    ·   ·   ·   ·   ·
    ·  殻   ·   ·   ·   ·   ·
```

図 4.6 パウリの禁制原理[13]
（電子の入る順番）

原子番号 5 番のホウ素 B は 2p 軌道に入り，$1s^2 2s^2 2p^1$：|↑↓|↑↓|↑| となる。つぎの炭素 C では，3 個ある p 軌道にどのように入るのであろう。同じエネルギーレベルをもつ複数の軌道では，電子同士の反発のため，できるだけ遠去かる方がエネルギー的に有利なため，別の軌道を同じスピン方向で埋めてゆく。これをフント則という。したがって，炭素 C $1s^2 2s^2 2p^2$ では|↑↓|↑↓|↑|↑|，窒素 N $1s^2 2s^2 2p^3$ では|↑↓|↑↓|↑|↑|↑|となる。d 軌道への電子の入り方を**図 4.7** に示すが，5 個の d 軌道がすべてスピンの向きの同じ電子で 1 個ずつ埋まるまで 2 個目は入らない。

以下，原子番号 111 番までの電子配置を**表 4.1** に示す。

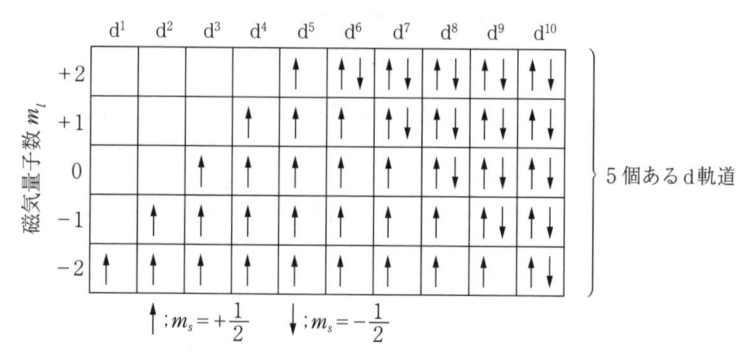

磁気量子数 m_l	d^1	d^2	d^3	d^4	d^5	d^6	d^7	d^8	d^9	d^{10}
+2					↑	↑↓	↑↓	↑↓	↑↓	↑↓
+1				↑	↑	↑	↑↓	↑↓	↑↓	↑↓
0			↑	↑	↑	↑	↑	↑↓	↑↓	↑↓
−1		↑	↑	↑	↑	↑	↑	↑	↑↓	↑↓
−2	↑	↑	↑	↑	↑	↑	↑	↑	↑	↑↓

↑：$m_s = +\frac{1}{2}$　　↓：$m_s = -\frac{1}{2}$

5 個ある d 軌道

図 4.7 電子を各準位に収容する方法（フント則）[13]

4.4 パウリの排他律とフント則

表 4.1 電子配置表[11]

原子番号	原子名	電子配置	原子番号	原子名	電子配置	原子番号	原子名	電子配置
1	H	$1s^1$	39	Y	$[Kr]\ 5s^24d^1$	77	Ir	$[Xe]\ 6s^24f^{14}5d^7$
2	He	$1s^2$	40	Zr	$[Kr]\ 5s^24d^2$	78	Pt	$[Xe]\ 6s^14f^{14}5d^9$
3	Li	$[He]\ 2s^1$	41	Nb	$[Kr]\ 5s^14d^4$	79	Au	$[Xe]\ 6s^14f^{14}5d^{10}$
4	Be	$[He]\ 2s^2$	42	Mo	$[Kr]\ 5s^14d^5$	80	Hg	$[Xe]\ 6s^24f^{14}5d^{10}$
5	B	$[He]\ 2s^22p^1$	43	Tc	$[Kr]\ 5s^24d^5$	81	Tl	$[Xe]\ 6s^24f^{14}5d^{10}6p^1$
6	C	$[He]\ 2s^22p^2$	44	Ru	$[Kr]\ 5s^14d^7$	82	Pb	$[Xe]\ 6s^24f^{14}5d^{10}6p^2$
7	N	$[He]\ 2s^22p^3$	45	Rh	$[Kr]\ 5s^14d^8$	83	Bi	$[Xe]\ 6s^24f^{14}5d^{10}6p^3$
8	O	$[He]\ 2s^22p^4$	46	Pd	$[Kr]\ 4d^{10}$	84	Po	$[Xe]\ 6s^24f^{14}5d^{10}6p^4$
9	F	$[He]\ 2s^22p^5$	47	Ag	$[Kr]\ 5s^14d^{10}$	85	At	$[Xe]\ 6s^24f^{14}5d^{10}6p^5$
10	Ne	$[He]\ 2s^22p^6$	48	Cd	$[Kr]\ 5s^24d^{10}$	86	Rn	$[Xe]\ 6s^24f^{14}5d^{10}6p^6$
11	Na	$[Ne]\ 3s^1$	49	In	$[Kr]\ 5s^24d^{10}5p^1$	87	Fr	$[Rn]\ 7s^1$
12	Mg	$[Ne]\ 3s^2$	50	Sn	$[Kr]\ 5s^24d^{10}5p^2$	88	Ra	$[Rn]\ 7s^2$
13	Al	$[Ne]\ 3s^23p^1$	51	Sb	$[Kr]\ 5s^24d^{10}5p^3$	89	Ac	$[Rn]\ 7s^26d^1$
14	Si	$[Ne]\ 3s^23p^2$	52	Te	$[Kr]\ 5s^24d^{10}5p^4$	90	Th	$[Rn]\ 7s^26d^2$
15	P	$[Ne]\ 3s^23p^3$	53	I	$[Kr]\ 5s^24d^{10}5p^5$	91	Pa	$[Rn]\ 7s^25f^26d^1$
16	S	$[Ne]\ 3s^23p^4$	54	Xe	$[Kr]\ 5s^24d^{10}5p^6$	92	U	$[Rn]\ 7s^25f^36d^1$
17	Cl	$[Ne]\ 3s^23p^5$	55	Cs	$[Xe]\ 6s^1$	93	Np	$[Rn]\ 7s^25f^46d^1$
18	Ar	$[Ne]\ 3s^23p^6$	56	Ba	$[Xe]\ 6s^2$	94	Pu	$[Rn]\ 7s^25f^6$
19	K	$[Ar]\ 4s^1$	57	La	$[Xe]\ 6s^25d^1$	95	Am	$[Rn]\ 7s^25f^7$
20	Ca	$[Ar]\ 4s^2$	58	Ce	$[Xe]\ 6s^24f^15d^1$	96	Cm	$[Rn]\ 7s^25f^76d^1$
21	Sc	$[Ar]\ 4s^23d^1$	59	Pr	$[Xe]\ 6s^24f^3$	97	Bk	$[Rn]\ 7s^25f^9$
22	Ti	$[Ar]\ 4s^23d^2$	60	Nd	$[Xe]\ 6s^24f^4$	98	Cf	$[Rn]\ 7s^25f^{10}$
23	V	$[Ar]\ 4s^23d^3$	61	Pm	$[Xe]\ 6s^24f^5$	99	Es	$[Rn]\ 7s^25f^{11}$
24	Cr	$[Ar]\ 4s^13d^5$	62	Sm	$[Xe]\ 6s^24f^6$	100	Fm	$[Rn]\ 7s^25f^{12}$
25	Mn	$[Ar]\ 4s^23d^5$	63	Eu	$[Xe]\ 6s^24f^7$	101	Md	$[Rn]\ 7s^25f^{13}$
26	Fe	$[Ar]\ 4s^23d^6$	64	Gd	$[Xe]\ 6s^24f^75d^1$	102	No	$[Rn]\ 7s^25f^{14}$
27	Co	$[Ar]\ 4s^23d^7$	65	Tb	$[Xe]\ 6s^24f^9$	103	Lr	$[Rn]\ 7s^25f^{14}6d^1$
28	Ni	$[Ar]\ 4s^23d^8$	66	Dy	$[Xe]\ 6s^24f^{10}$	104	Rf	$[Rn]\ 7s^25f^{14}6d^2$
29	Cu	$[Ar]\ 4s^13d^{10}$	67	Ho	$[Xe]\ 6s^24f^{11}$	105	Db	$[Rn]\ 7s^25f^{14}6d^3$
30	Zn	$[Ar]\ 4s^23d^{10}$	68	Er	$[Xe]\ 6s^24f^{12}$	106	Sg	$[Rn]\ 7s^25f^{14}6d^4$
31	Ga	$[Ar]\ 4s^23d^{10}4p^1$	69	Tm	$[Xe]\ 6s^24f^{13}$	107	Bh	$[Rn]\ 7s^25f^{14}6d^5$
32	Ge	$[Ar]\ 4s^23d^{10}4p^2$	70	Yb	$[Xe]\ 6s^24f^{14}$	108	Hs	$[Rn]\ 7s^25f^{14}6d^6$
33	As	$[Ar]\ 4s^23d^{10}4p^3$	71	Lu	$[Xe]\ 6s^24f^{14}5d^1$	109	Mt	$[Rn]\ 7s^25f^{14}6d^7$
34	Se	$[Ar]\ 4s^23d^{10}4p^4$	72	Hf	$[Xe]\ 6s^24f^{14}5d^2$	110	Ds	$[Rn]\ 7s^15f^{14}6d^9$
35	Br	$[Ar]\ 4s^23d^{10}4p^5$	73	Ta	$[Xe]\ 6s^24f^{14}5d^3$	111	Rg	$[Rn]\ 7s^15f^{14}6d^{10}$
36	Kr	$[Ar]\ 4s^23d^{10}4p^6$	74	W	$[Xe]\ 6s^24f^{14}5d^4$			
37	Rb	$[Kr]\ 5s^1$	75	Re	$[Xe]\ 6s^24f^{14}5d^5$			
38	Sr	$[Kr]\ 5s^2$	76	Os	$[Xe]\ 6s^24f^{14}5d^6$			

4.5 電子の配置の表示法―電子式―

　原子番号（陽子数）を記した原子核を中心におき，その周りにK殻，L殻，M殻，N核，…に存在できる電子を点で描いた電子配置（表4.1）の模式図を**図4.8**に示す。それぞれの殻に存在できる電子の最大数は2，8，18，32個，…である。模式図の下に，最外殻の電子のみを元素記号の周りに点で記した電子式を示す。原子同士の結合や変化はこの最外殻電子の重なりで起こることから，この表記法は役に立つ。

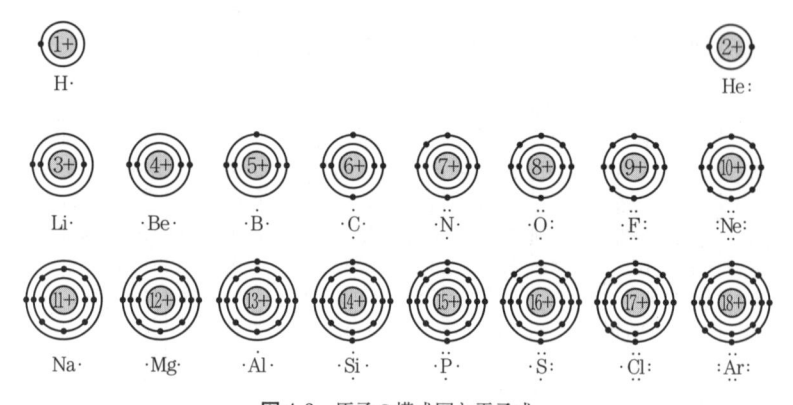

図4.8 原子の模式図と電子式

　電子式で電子が対になっているものを電子対，対になっていないものを不対電子という。18族の最外殻電子は8個で4個の電子対をもつ。最外殻に4個電子が入るまでは電子対を作らず，同じ向きのスピンを有する電子が配置する。第2周期リチウムLiから炭素C，第3周期ナトリウムNaからケイ素Siがそれに該当し，それを越えると電子対ができる。有機化学で学ぶメタンCH_4では，炭素の4個の不対電子に水素の不対電子4個が重なることで結合が生じ，そこでできた電子対が最も遠去かる構造，すなわち正四面体構造をとる（7章，13章参照）。

まとめ

1. 原子の中の電子配置は量子力学により四つの量子数,すなわち主量子数 n,方位量子数 l,磁気量子数 m_l,スピン量子数 m_s により表すことができる
2. 電子はエネルギー準位の低い軌道から収容されてゆく
3. パウリの排他律:四つの量子数に規定されたところに複数の電子は収容できない
4. フント則:同じエネルギーレベルをもつ複数の軌道では,別の軌道を同じスピン方向で埋めてゆく
5. 各量子数と電子数の関係を**表 4.2** にまとめる

表 4.2

主量子数 n	電子殻	方位量子数 l	表記	磁気量子数 m_l	軌道の数		電子数
1	K	0	1s	0	1	2	2 (2)
2	L	0	2s	0	1	2	8 (10)
		1	2p	-1, 0, 1	3	6	
3	M	0	3s	0	1	2	18 (28)
		1	3p	-1, 0, 1	3	6	
		2	3d	-2, -1, 0, 1, 2	5	10	
4	N	0	4s	0	1	2	32 (60)
		1	4p	-1, 0, 1	3	6	
		2	4d	-2, -1, 0, 1, 2	5	10	
		3	4f	-3, -2, -1, 0, 1, 2, 3	7	14	

$2n^2$　($\Sigma 2n^2$)

演 習 問 題

4.1　N 殻の副殻を記せ。

4.2　副殻 s, p, d, f にはそれぞれいくつの軌道があるか。

4.3　副殻 s, p, d, f に存在し得る最大の電子数はいくつか。

4.4　1s から 6d まで,電子が配置する順序を主量子数 (1, 2, 3, …) と軌道の表記記号 (s, p, d, …) を用いて表せ。

4.5　例(基底状態の炭素)にならって,$_{22}$Ti,$_{27}$Co の電子配置を示せ。
　　(例) $_6$C　$1s^2 2s^2 2p^2$

4.6　すべての不活性ガス(希ガス)の原子番号と電子配置を(例)に従って示せ。
　　(例) $_{86}$Rn　[Xe] $6s^2 4f^{14} 5d^{10} 6p^6$

4.7 主量子数=1，方位量子数=0でとり得る軌道の数は1である。この電子配置を有する元素はいくつあるか。その元素名を記せ。

4.8 例にならって，つぎの原子またはイオンの電子配置の図を書け。

（例） O^{2-} 　　（1） Na^+ 　　（2） Al 　　（3） Ca 　　（4） Ar

コーヒーブレイク

量子化へのきっかけとなった実験

太陽からの光をプリズムに通すと，さまざまな波長をもつ連続スペクトルに分光されます。一方，電子1個をもつ最も簡単な元素である水素にエネルギーを加えると，幾本かの線スペクトルが得られます（図4）。デンマークの物理学者ボーアは，この実験結果を原子の中には複数の（とびとびの）エネルギー準位が存在し，励起状態から元の状態（基底状態）に戻る際に特徴的な波長をもつ光を発することによる，と解釈しました。太陽の周りの複数の軌道を運動する惑星のように原子核の周りを複数の殻が取り囲み，電子がその軌道を運動しているという原子モデルが誕生しました。

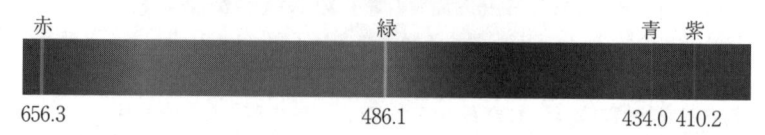

図4 水素原子からの発光スペクトル

5 元素の周期性

1869 年，ロシアの化学者メンデレーエフにより発表された周期表は，当時発見されていた約 63 種の元素の性質に基づき整理されたものであるが，約 50 年後に波動方程式より求められた s 軌道，p 軌道，d 軌道の元素群のブロック分類に見事一致するものであった。このように周期表は，ただ単に原子番号の順番に元素を並べただけでなく，結果的にはその原子の中の電子の配置を特徴付けることに成功したのである。

陽イオンになりやすい元素ほど周期表の左側に，陰イオンなりやすい元素ほど右端に並べられたことは，電子の配置とどのように関係するのだろうか。それらの指標であるイオン化エネルギーや電子親和性は，7 章以降から登場するさまざまな化学結合や化学反応にとって重要な因子の一つであり，自然科学を学ぶうえで必要不可欠なものである。

5.1 周期性と周期表

メンデレーエフの提唱した周期表を**表 5.1** に示す。当時，まだ発見されていなかった元素（周期表の中で○と記してある）が発見後その位置に収まり，不活性ガス Ne, Ar, Kr, Xe（19 世紀後半，ラムゼーらによって発見）が周期表の右端に加えられることがわかり，メンデレーエフの周期表が基本的に正しいことが裏付けられた。現在の国際基準となっている周期表は，1905 年にベルナーにより作られた 18 族，7 周期の長周期表に基づくものであり，2009 年の時点で原子番号 111 番までの元素が収載されている（表見返し参照）。

表 4.1 の電子配置からも明らかなように，最外殻の電子の数は（価電子）原子番号の増加とともに増えてゆくグループと，そうでないグループがある。量子論から求められた軌道 s, p, d, f により周期表を分類すると，**表 5.2** のように表すことができる。

5. 元素の周期性

表5.1 メンデレーエフが提唱した周期表

周期	I	II	III	IV	V	VI	VII	VIII	
1	H								
2	Li	Be	B	C	N	O	F		
3	Na	Mg	Al	Si	P	S	Cl		
4	K	Ca	○	Ti	V	Cr	Mn	Fe	Co
5	(Cu)	Zn	○	○	As	Se	Br	Ni	Cu
6	Rb	Sr	Yt?	Zr	Nb	Mo	○	Ru	Rh
7	(Ag)	Cd	In	Sn	Sb	Te	I	Pd	Ag
8	Cs	Ba	Di?	Ce?					
9									
10			Er?	La?	Ta	W	○	Os	Ir
								Pt	Au
11	(Au)	Hg	Tl	Pb	Bi				
12				Th		U			

表5.2 電子軌道による周期表の分類

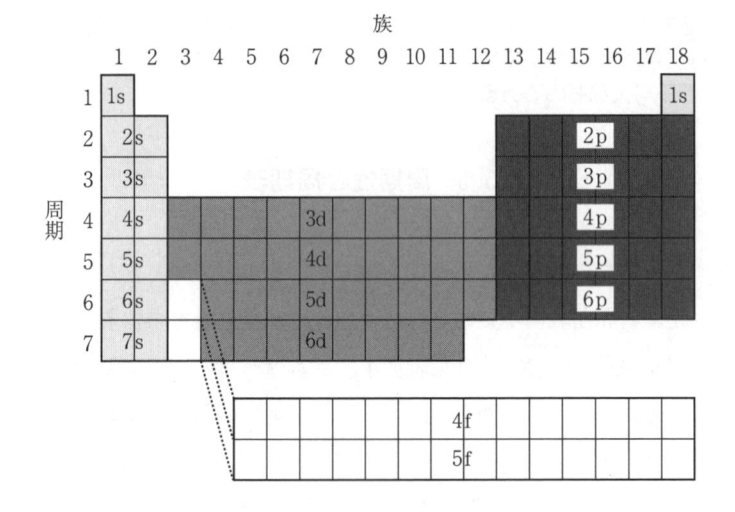

族
	1	2	3	4	5	6	7	8	9	10	11	12	13	14	15	16	17	18
1	1s																	1s
2	2s												2p					
3	3s												3p					
4	4s				3d								4p					
5	5s				4d								5p					
6	6s				5d								6p					
7	7s				6d													

| | | | | 4f | | | | | | |
| | | | | 5f | | | | | | |

sブロック元素　1族，2族の元素の最外殻電子はs軌道に収容されるので，sブロック元素と呼ばれ，原子番号の増加とともに価電子の数は1, 2と増加する。

dブロック元素　3族〜12族では，d軌道に電子が順に収容される領域でdブロック元素と呼ばれる。原子番号に比例せず価電子の数は1ないし2

価である。

pブロック元素　13族〜18族ではp軌道に順に電子が収納され，pブロック元素と呼ばれる。価電子の数は原子番号とともに増加する。

fブロック元素　第6および7周期，3族ではf軌道に電子が収容される領域でfブロック元素と呼ばれる。

第1周期18族のHeはsブロック元素であるが，18族なのでpブロック元素として扱われることもある。

sブロック元素，pブロック元素とdブロック12族の亜鉛Zn，カドミウムCd，水銀Hgのグループを典型元素，12族を除くdブロック元素とfブロック元素を合わせて遷移元素と呼ぶ。

常温常圧で気体なのはsブロック元素の水素H，pブロック元素の窒素N，酸素O，フッ素F，塩素Cl，希ガスである。液体は臭素Brと水銀Hgのみで，残りはすべて固体である。

第2周期13族のホウ素Bから第6周期17族のアスタチンAtを結ぶ線上にあるケイ素Si，ヒ素As，テルルTeは金属と非金属の性質をもつので半金属と呼ばれ，周期表でその線より右側にある元素を非金属元素，左側を金属元素に分類できる。

このように，元素の性質は周期表上での位置，すなわち電子配置と密接に関連しており，次節以降で取りあげる，イオン化エネルギー，電子親和力，電気陰性度，原子やイオンの大きさの各項目を通し，周期表からこれらの性質と電子配置の関連性を系統的に理解してゆく。

5.2　イオン化エネルギー

正の電荷をもつ原子核と負の電荷をもつ電子がバランスをとり，原子は電気的に中性である。したがって，この状態から電子を奪うにはエネルギーが必要で，これをイオン化エネルギーと呼ぶ（**表5.3**）。エネルギーをもらうことにより起こる変化なので吸熱的である。当然，2番目，3番目の電子はさらにエネルギーが必要であるが，18族元素以外はどの原子もイオン化エネルギーが

表5.3 イオン化エネルギー[11]　　〔kJ/mol〕

原子番号	元素	I	II	III	IV	V	VI	VII	VIII
1	H	1 312							
2	He	2 372	5 250						
3	Li	520	7 298	11 815					
4	Be	899	1 757	14 848	21 006				
5	B	801	2 427	3 660	25 025	32 826			
6	C	1 086	2 353	4 620	6 222	37 829	47 276		
7	N	1 402	2 856	4 578	7 475	9 445	53 265	64 358	
8	O	1 314	3 388	5 300	7 469	10 989	13 326	71 333	84 076
9	F	1 681	3 375	6 050	8 407	11 022	15 164	17 867	92 036
10	Ne	2 081	3 952	6 122	9 370	12 177	15 238	19 998	23 069
11	Na	496	4 562	6 912	9 543	13 353	16 610	20 114	25 489
12	Mg	738	1 451	7 733	10 540	13 629	17 994	21 703	25 655
13	Al	578	1 817	2 745	11 577	14 831	18 377	23 294	27 459
14	Si	787	1 577	3 231	4 355	16 091	19 784	23 785	29 251
15	P	1 012	1 903	2 912	4 956	6 274	21 268	25 397	29 853
16	S	1 000	2 251	3 361	4 564	7 013	8 495	27 105	31 669
17	Cl	1 251	2 297	3 822	5 158	6 542	9 362	11 018	33 604
18	Ar	1 521	2 666	3 931	5 771	7 238	8 781	11 995	13 841
19	K	419	3 051	4 411	5 877	7 975	9 648	11 343	14 942
20	Ca	590	1 145	4 912	6 474	8 144	10 496	12 321	14 206
21	Sc	631	1 235	2 389	7 089	8 844	10 719	13 315	15 312
22	Ti	658	1 310	2 652	4 175	9 573	11 516	13 585	16 258
23	V	650	1 414	2 828	4 507	6 294	12 362	14 489	16 759
24	Cr	653	1 592	2 987	4 737	6 686	8 738	15 544	17 821
25	Mn	717	1 509	3 248	4 940	6 985	9 166	11 508	18 955
26	Fe	759	1 561	2 957	5 287	7 236	9 552	12 061	14 575
27	Co	759	1 646	3 232	4 950	7 671	9 841	12 447	15 148
28	Ni	737	1 753	3 393	5 297	7 285	10 420	12 832	15 631
29	Cu	745	1 958	3 554	5 326	7 709	9 938	13 411	16 016
30	Zn	906	1 733	3 833	5 731	7 970	10 420	12 929	16 788

急激に増加する電子配置がある。例えば原子番号3番のリチウムは1番目と2番目の間に大きなギャップがある。1族のナトリウムNa，カリウムKにおいてもこのギャップの位置は同じである。このときの電子配置は18族の電子配置と同じで，その周期の副殻がすべて電子で埋まった閉殻の構造をとり，これはどの元素にも共通する重要な事象である。

表5.3より1番目の電子を奪うのに必要なエネルギーを抜き出したのが，図5.1に示す第一イオン化エネルギーである。周期性が顕著に図示されており，

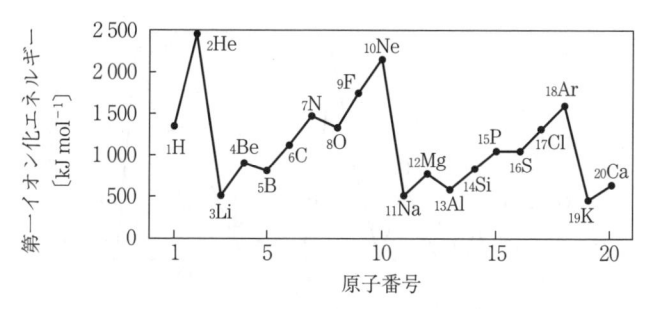

図5.1　第一イオン化エネルギー[13]

同一周期の中では周期表の左側が最も電子を失いやすく，すなわち18族の電子配置をとり陽イオンとなりやすいことがわかる．右側に進むにつれて電子を失いにくくなることがわかる．これは陽子と電子の間の引き合う力が電荷の積に比例し，距離の二乗に半比例することから理解できる．同一周期では原子核と電子間の距離は変化せず，電荷が原子番号とともに大きくなるからである．周期が増加するとこのイオン化エネルギーが低くなるのは，内殻電子の遮へい効果と原子核と電子の間の距離が大きくなるからである．このことは後述する原子やイオンの大きさに直接影響している．

5.3　電子親和力

周期表の右に進むにつれ電子を失いにくくなると前述したが，18族に近い電子配置の元素は，逆に電子を受け取り18族の電子配置になりやすくなる．すなわち陰イオンになる傾向が強くなる．電子を取り出すにはエネルギーが必要であったので，逆に電子を受け取り陰イオンになる際はエネルギーを放出する必要があり，この大きさを電子親和力と呼ぶ（図5.2）．この変化は発熱的である．

イオン化エネルギーと電子親和力のグラフにおいてナトリウム Na と塩素 Cl を比較すると，ナトリウムが陽イオンに，塩素が陰イオンになりやすいことがわかる．7章で述べる原子間の結合において，イオン結晶はこの組合せが多い．

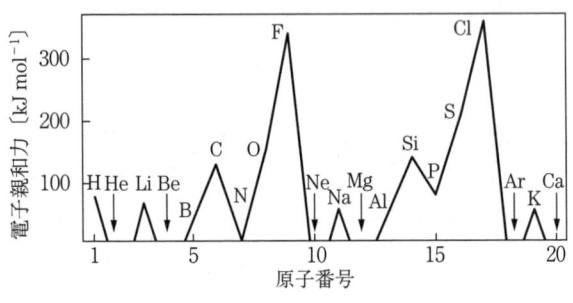

図5.2 電子親和力[13]

5.4 電気陰性度

各元素はイオン化エネルギーも電子親和力も異なるので,異種の原子が結合した場合,おのおのの原子核に引き寄せられる電子は均等とはならず,どちらかに偏る(7章)。この電子を引き寄せる程度を定量的に表す指標が電気陰性度であり,化合物の結合様式や性質を捉えるうえで重要な指標である(**表5.4**)。最もよく用いられているポーリングの値は化学結合に基づくもので,イオン化エネルギーと電子親和性の単純な算術平均と定義したマリケンの値とよく相関している。

表5.4 電気陰性度(ポーリングの値)[14]

周期\族	1	2	3	4	5	6	7	8	9	10	11	12	13	14	15	16	17	18
1	H 2.1																	He —
2	Li 1.0	Be 1.5											B 2.0	C 2.5	N 3.0	O 3.5	F 4.0	Ne —
3	Na 0.9	Mg 1.2											Al 1.5	Si 1.8	P 2.1	S 2.5	Cl 3.0	Ar —
4	K 0.8	Ca 1.0	Sc 1.3	Ti 1.5	V 1.6	Cr 1.6	Mn 1.5	Fe 1.8	Co 1.8	Ni 1.8	Cu 1.9	Zn 1.6	Ga 1.6	Ge 1.8	As 2.0	Se 2.4	Br 2.8	Kr —
5	Rb 0.8	Sr 1.0	Y 1.2	Zr 1.4	Nb 1.6	Mo 1.8	Tc 1.9	Ru 2.2	Rh 2.2	Pd 2.2	Ag 1.9	Cd 1.7	In 1.7	Sn 1.8	Sb 1.9	Te 2.1	I 2.5	Xe —
6	Cs 0.7	Ba 0.9	57〜71 ランタノイド	Hf 1.3	Ta 1.5	W 1.7	Re 1.9	Os 2.2	Ir 2.2	Pt 2.2	Au 2.4	Hg 1.9	Tl 1.8	Pb 1.8	Bi 1.9	Po 2.0	At 2.2	Rn —
7	Fr 0.7	Ra 0.9	89〜103 アクチノイド	Rf	Db	Sg	Bh	Hs	Mt	Ds	Rg							

ランタノイド:1.1〜1.2 アクチノイド:Ac 1.1, U 1.7 その他 1.3

5.4 電気陰性度

周期表の左下から右上に向かって電気陰性度が大きくなっているのがわかる。電気陰性度の差が大きな原子同士の結合はイオン結合となり，小さくなると共有結合性が支配的となる。明確な境界はないが，差が1.7を超えるとイオン結合性が50％以上になる。

コーヒーブレイク

周期表アラカルト

元素の発見は分離技術や分析技術の発展とともに急速に進み，1825年臭素が発見された時点では約50種類に到達していました。以前から元素には性質をともにするグループがあり，原子番号が増加しても同様な性質が繰り返すことが経験的にわかっていました。

ドイツの化学者デーベライナーは，共通する性質を有する3種類の元素，Ca－Sr－Baを「三つ組元素」と称し，後にLi－Na－K，Cl_2－Br_2－I_2，S－Se－Teもこの組の仲間としました。現在の周期表の族に相当しますが，シャンクルトア（仏）やニューランズ（英）は，その性質が原子番号の順に周期的に現れてくることを指摘しました（**図5**）。その5年後，メンデレーエフは，原子番号順に同じ性質（融点，沸点，電子親和性，イオンの価数）が出現するような並べ方を見つけだし，表5.1に示す周期表として発表しました。

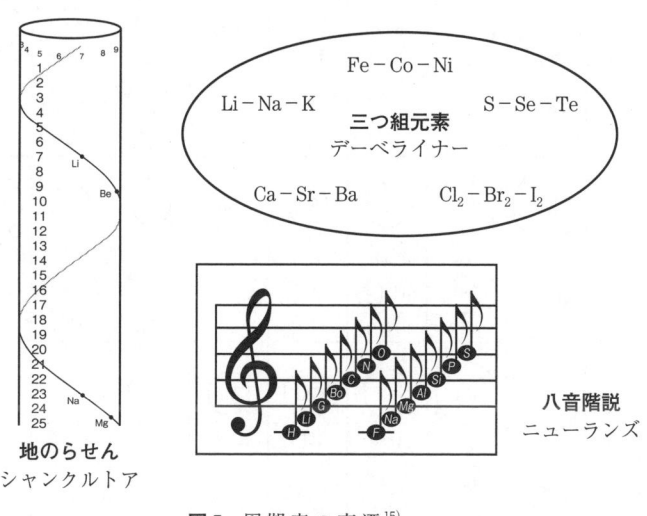

図5 周期表の変遷[15)]

5.5 原子とそのイオンの大きさ

表5.5に原子とそのイオンの大きさを示す。図4.3に原子の構造を示したが,原子核は10^{-15}m(10^{-5}Å)と非常に小さい。その周りに存在する電子雲の

表5.5 原子とイオンの大きさ(半径)[14]　　〔Å〕

族 周期	1	2	13	14	15	16	17	18
1	H 0.30							He 1.40
2	Li 1.57 Li$^+$ 0.90	Be 1.11 Be^{2+} 0.59	B 0.81	C 0.77	N 0.74	O 0.74 O^{2-} 1.26	F 0.72 F$^-$ 1.19	Ne 1.54
3	Na 1.91 Na$^+$ 1.16	Mg 1.60 Mg^{2+} 0.86	Al 1.43 Al^{3+} 0.68	Si 1.17	P 1.10	S 1.04 S^{2-} 1.70	Cl 0.99 Cl$^-$ 1.67	Ar 1.88
4	K 2.35 K$^+$ 1.52	Ca 1.97 Ca^{2+} 1.14	Ga 1.22 Ga^{3+} 0.76	Ge 1.23 Ge^{4+} 0.67	As 1.21	Se 1.17 Se^{2-} 1.84	Br 1.14 Br$^-$ 1.82	Kr 2.02
5	Rb 2.47 Rb$^+$ 1.66	Sr 2.15 Sr^{2+} 1.32	In 1.63 In^{3+} 0.94	Sn 1.41 Sn^{4+} 0.83	Sb 1.45	Te 1.37 Te^{2-} 2.07	I 1.33 I$^-$ 2.06	Xe 2.16
6	Cs 2.66 Cs$^+$ 1.81	Ba 2.24 Ba^{2+} 1.49	Tl 1.70 Tl^{3+} 1.03	Pb 1.75 Pb^{4+} 0.92	Bi 1.56	Po 1.67		

大きさ，もっと厳密にいえば，最外殻電子が形成する境界が原子の大きさとなる。したがって，原子番号が大きくなれば電子数も増え，原子の大きさも増すようになるが，同時に原子核の陽子の電荷も増し，電子をより強く引き付け原子は小さくなってゆく。この傾向はどの同一周期内でもみられる。一方，同族で，周期が増加すると原子は大きくなる。主量子数が増え原子核から遠去かる影響と内殻電子の遮へい効果が，原子核の正電荷が増える効果よりも大きいためである。

18族元素より原子番号が1ないし2大きい元素では，最外殻の電子を失い，18族の電子配置をとろうとする。すなわち陽イオンになろうとする。陽子の数は変わらないので，残りの電子はより強く原子核に引き寄せられ，陽イオンはその原子の大きさよりも小さくなる。一方，18族元素より原子番号が1ないし2小さい元素では，電子を受け取り，18族の電子配置をとろうとする。すなわち陰イオンになろうとする。陽子の数は変わらないので，増えた電子により電子間の反発力が大きくなり陰イオンは大きくなる。

まとめ

1. メンデレーエフによって提唱された元素の周期性は，量子力学による量子数による分類に一致する
2. 国際基準になっている長周期表は18族，7周期で，111の元素が収載されている（2011年現在）
3. 周期表はs, p, d, fブロックに分けられる
    s：1族，2族
    p：13族から18族
    d：3族から12族
    f：ランタノイド（原子番号 57～71）
    　　アクチノイド（原子番号 89～103）
4. イオン化エネルギー：原子から電子を奪うときに必要なエネルギー
    ・吸熱的
    ・同じ周期内では，原子番号が増すと大きくなる
    ・同じ族内では，周期が増すと小さくなる

5. 電子親和性：電子を1個受け取るとき放出するエネルギー
   - 発熱的
   - 同じ周期内では，原子番号が増すと大きくなる
   - 同じ族内では，周期が増すと小さくなる
6. 電気陰性度：原子間の結合において，原子が電子を引き寄せる尺度
   - 周期表の右上（F, O, Cl, N）は大きい
   - 周期表の左下（Fr, Cs）は小さい
7. 原子とイオンの大きさ：電子雲の広がり
   - 同じ周期内では，原子番号が増すと小さくなる
   - 同じ族内では，周期が増すと多きくなる
   - 陽イオンは小さくなる
   - 陰イオンは大きくなる

演 習 問 題

5.1 周期表のsブロック，pブロック元素の族は性質が似ている。なぜか。

5.2 つぎの元素のうちから，（1）典型元素，（2）遷移元素，（3）金属元素，（4）非金属元素，に該当するものをそれぞれ選べ。

B Cl Kr Fe Si Sc Sb Cr Sr Zn O H C Cu Ca Hg P Ti Cd S

5.3 同じ周期で原子番号が大きくなると，イオン化エネルギーが大きくなる理由はなにか。

5.4 同じ族で周期が大きくなると，原子のサイズが大きくなる理由はなにか。

5.5 2個の水素原子が結合した場合，水素分子内に電荷の偏りはあるか。

5.6 水素原子と塩素原子が結合したとき，電荷の偏りはあるか。

6 物質の量的取扱いと濃度や組成の表し方

　電子雲の大きさは原子核（約 10^{-15}m＝10^{-5}Å）の約10万倍であるが，その電子1個の質量は陽子1個の質量の1840分の1であるので，原子の質量のほとんどは原子核によるものである。実用上不便な1個の原子の質量（10^{-24}～10^{-22}g）を鉛筆などで使われる1ダース（＝12本）と同じような集合として取り扱うためアボガドロ数が導入され，^{12}C を12とした相対質量で他の原子の質量が表されるようになった。本章では，原子の相対質量やその同位体の平均相対質量である原子量の定義を理解することからはじめる。つぎに，それらを用いて物質の分子量や式量の計算，モルへの変換を学ぶ。最後に，それらの最も身近な活用の一つである濃度の表示方法について学習する。

6.1　物質の量的取扱い

6.1.1　陽子，中性子，電子の質量

　表 6.1 は原子を構成する原子核の中の陽子と中性子，および原子核の周りの軌道に存在する電子の質量と電荷を示す。

　陽子と中性子の質量はほぼ同じであるが，電子1個の質量は陽子1個の質量の約1840分の1であることから，原子の質量は電子の質量を無視して，陽子と中性子の質量の和としてかまわない。**図 6.1** に元素表記の例を示す。元素記号の左上に質量数，左下に原子番号を記す。原子番号2のヘリウムの陽子数は

表 6.1　原子を構成する素粒子の質量と電荷[11]

	質量〔g〕	電荷〔C〕
陽子	1.673×10^{-24}	$+1.602 \times 10^{-19}$
中性子	1.673×10^{-24}	0
電子	9.109×10^{-28}	-1.602×10^{-19}

質量数＝陽子の数＋中性子の数

$^{4}_{2}$He　⇐元素記号

原子番号＝陽子の数＝電子の数

図 6.1　元素の表記

2,中性子数は2なので質量数は4である。陽子の数,電子の数は原子番号と同数である。

一方,電荷について陽子は$+1.602\times10^{-19}$ C（クーロン）の正電荷,電子は-1.602×10^{-19} Cの負電荷をもつが,中性子は電荷をもたない。原子の中の陽子と電子の数は等しく,原子は電気的に中性を保っている。陽子数と中性子数は原子番号18番のアルゴンまで等しいが,それ以降は中性子数の方が多くなっていく。また,多くの元素には陽子数と電子が同じでも中性子数の異なる原子がわずかながら存在する。電子の数は変わらないので,性質は同じである。これを同位体と称する。例えば,水素原子は陽子と電子を各1個もつが,わずかながら中性子の数が1個,2個のものも存在する（**表6.2**）。

表6.2 水素の同位体

名称　表記	水素 $^{1}_{1}H$	重水素 $^{2}_{1}H$	三重水素 $^{3}_{1}H$
⊕陽子の数	1	1	1
●中性子の数	0	1	2
質量数	1	2	3
●電子の数	1	1	1

6.1.2 原子の質量と相対質量

表6.3に,原子1個の質量とその相対質量を示す。質量数12の炭素^{12}C（陽

表6.3 原子の質量と相対質量[11]

原子	粒子1個の質量〔10^{-24}g〕	相対質量	原子	粒子1個の質量〔10^{-24}g〕	相対質量
^{1}H	1.6735	1.0078	^{23}Na	38.175	22.990
^{4}He	6.6465	4.0026	^{35}Cl	58.067	34.969
^{12}C	19.926	12(定義)	^{40}Ar	66.359	39.962
^{14}N	23.253	14.003	^{40}Ca	66.359	39.963
^{16}O	26.560	15.995	^{238}U	395.29	238.05

子数 6 + 中性子数 6 = 質量数 12) を 12 と定義し，他の元素を相対的に表したものが相対質量である。

　　　炭素原子 1 個の質量：12 = 他の原子の 1 個の質量：相対質量
　　　　$(19.926 \times 10^{-24}\text{g})$

例えば，他の原子を水素 ^1H とすると

　　　水素の相対質量 $= (1.6735 \times 10^{-24}\text{g}) \times 12 / (19.926 \times 10^{-24}\text{g}) = 1.0078$

であり，単位をもたない相対値である。

6.1.3　平均相対質量と原子量

多くの元素には同位体が存在することをすでに述べたが，この場合，元素を代表する相対質量として，同位体の平均相対質量が用いられている。相対質量の異なる同位体がほぼ決まった比率で存在（**表 6.4**）するので，平均相対質量はおのおのの同位体の相対質量に存在比を掛け合わせたものの合算，すなわちΣ（相対質量）×（存在比）として計算でき，この値がその原子の原子量となる。相対質量であるため原子量は単位をもたない。

（例）　塩素の平均相対質量
　　　　$= {}^{35}\text{Cl}$ の相対質量 $\times {}^{35}\text{Cl}$ の存在比 $+ {}^{37}\text{Cl}$ の相対質量 $\times {}^{37}\text{Cl}$ の存在比
　　　　$= 34.97 \times (75.77/100) + 36.97 \times (24.23/100) = 35.45$ …塩素の原子量

表 6.4　同位体の存在比[11]

元素	おもな同位体	陽子の数	中性子の数	同位体の存在比〔%〕
水素	$^{1}_{1}\text{H}$	1	0	99.9885
	$^{2}_{1}\text{H}$	1	1	0.0115
炭素	$^{12}_{6}\text{C}$	6	6	98.93
	$^{13}_{6}\text{C}$	6	7	1.07
酸素	$^{16}_{8}\text{O}$	8	8	99.757
	$^{17}_{8}\text{O}$	8	9	0.038
	$^{18}_{8}\text{O}$	8	10	0.205
塩素	$^{35}_{17}\text{Cl}$	17	18	75.76
	$^{37}_{17}\text{Cl}$	17	20	24.24

6.1.4 分子量と式量

化学式に含まれるすべての構成元素の原子量の和を式量と呼ぶ。化学式は，分子式，組成式，構造式，示性式など，元素記号を用いて表すべての式の総称である。

① 分子を構成するすべての構成元素の原子量の和：分子量

（例）二酸化炭素の分子式：CO_2　二酸化炭素の分子量：$12+16\times2=44$

② イオン結晶を構成する元素の原子量の和：イオン結晶の式量

（例）塩化ナトリウムの組成式：NaCl

塩化ナトリウム結晶の式量：$23+35.5=58.5$

③ 金属を構成する元素の原子量：金属の式量

（例）金の組成式：Au　金結晶の式量（原子量）：79

（例）つぎの各物質は透析液を作るときに用いる。式量または分子量を求めてみよう。（原子量：$H=1.0$　$C=12$　$N=14$　$O=16$　$Na=23$　$Ca=40$）

(1) 塩化カルシウム　　　$CaCl_2$　　式量　　$40+35.5\times2=111$

(2) 炭酸水素ナトリウム　$NaHCO_3$　式量　　$23+1.0+12+16\times3=84$

(3) グルコース　　　　　$C_6H_{12}O_6$　分子量　$12\times6+1.0\times12+16\times6=180$

6.1.5 物質量（モル），モル質量，モル体積

ここではモルの実際の使い方を学習する。原子1モル当たりの質量をモル質量という。炭素の原子量は12であるので，それにgをつけ炭素のモル質量は12 g/molと表す。12 gの炭素Cは1 molである。水H_2Oのモル質量は$(2.0+16)$ g/mol，酸素原子Oは16 g/mol，酸素分子O_2は(16×2) g/molなので

質量12 gの炭素　　$\iff$　　$12\,g \div 12\,g/mol = 1\,mol$の炭素

質量24 gの炭素　　$\iff$　　$24\,g \div 12\,g/mol = 2\,mol$の炭素

質量18 gの水　　　$\iff$　　$18\,g \div 18\,g/mol = 1\,mol$の水

質量32 gの酸素　　$\iff$　　$32\,g \div 16\,g/mol = 2\,mol$の酸素原子

$32\,g \div 32\,g/mol = 1\,mol$の酸素分子

である。

表6.5は標準状態の気体のモル質量 g/mol，密度 g/l，1モル当たりの体積，すなわちモル体積 l/mol の関係を示したものである。標準状態の1モルの気体の体積は種類に関係なく約 22.4 l であるので，モル質量とモル体積から気体の密度が計算できる。

　　モル質量 ÷ モル体積 ＝ 密度

表6.5 気体のモル質量，密度，モル体積（気体の標準状態0℃，1気圧）

気体	モル質量〔g/mol〕	密度〔g/l〕	モル体積〔l/mol〕
窒素 N_2	28.0	1.25	22.4
酸素 O_2	32.0	1.43	22.4
ヘリウム He	4.0	0.18	22.4
二酸化炭素 CO_2	44.0	1.96	22.4

6.2　物質の濃度や組成の表し方

身の回りの物質の量的な表し方に濃度や組成がある。全体量の中の目的成分の量として表すが，それぞれを何で表すかによってさまざまな定義が生まれ，その意味は単位に反映される（**表6.6**）。この目的成分の量として ① 質量（●），② 体積（■），③ 物質量（▲）が用いられている。全体量としては目的

表6.6 物質の濃度や組成の表し方

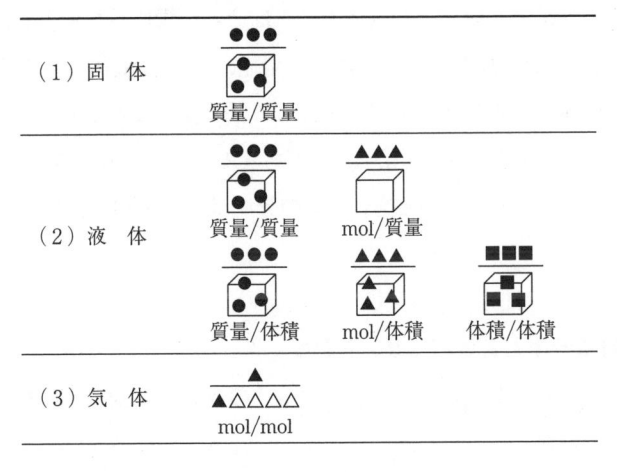

(1) 固体	質量/質量		
(2) 液体	質量/質量	mol/質量	
	質量/体積	mol/体積	体積/体積
(3) 気体	mol/mol		

成分を含む全質量，全体積，全物質量が用いられるが，質量モル濃度のように全体量に目的成分を含めない場合もあるので，注意が必要である。

（1） 固体中のある成分，例えば医用ステンレスSUS316は鉄Feを母材とした合金であるが，その中に占めるクロムCrの質量を16〜18質量％またはwt％というように％表示する。食品の成分表示も代表的な例である。

（2） 液体中のある成分の表し方は多岐にわたる。医療においても例外でなく，質量パーセント濃度，体積パーセント濃度，質量/体積パーセント濃度，質量モル濃度，体積モル濃度，当量濃度がよく用いられている。例えば，「血糖値（血液中のグルコース濃度）の正常値は100 mg/dlである」という表し方が慣例的に用いられているが，全体量としての血液 1 dl（すなわち，100 ml）中に目的成分のグルコースが100 mg存在するという意味である（質量/体積）。これをグルコースのモル質量180 g/molで割ると体積モル濃度5.6 mmol/l（=5.6 mM）となり，細胞培養用の培地のグルコース濃度の表示によく見かける値と単位である。血清電解質濃度は当量濃度で表すことが慣例である。酵素に至ってはU/lという酵素を含む溶液の単位体積当たりの活性値で表すことが多い。

（3） 気体の濃度は体積％（すなわち，モル％）や分圧で表すことが多い。同温，同圧では気体の種類に関係なく，等モルの気体は同じ体積をもつので，体積％とモル％は等しい。混合気体の全圧はそれを構成しているおのおのの成分気体の分圧の和であるので，全体量を全圧，目的の気体の量を分圧とすると，目的の気体のモル分率に全圧を掛けることで表すことができる。例えば，大気中の酸素は窒素とのモル比が1：4でありモル分率は0.2，モル％は20％である。大気圧が760 mmHgのとき，酸素の分圧は760 mmHg×0.2 = 152 mmHgである。

6.2.1 質量分率と質量パーセント濃度

質量分率：固体中あるいは溶液中のすべての成分の質量〔g〕に対する目的成分の質量〔g〕の比

6.2 物質の濃度や組成の表し方

$$w = \frac{\text{目的成分の質量}}{\text{総質量}}$$

（**例**）12.5 g の水と 37.5 g のエタノールからなる溶液中の水とエタノールの質量分率

$$w_{H_2O} = \frac{12.5 \text{ g } H_2O}{12.5 \text{ g } H_2O + 37.5 \text{ g } C_2H_5OH} = \frac{12.5 \text{ g}}{50.0 \text{ g}} = 0.25$$

$$w_{C_2H_5OH} = 1 - 0.25 = 0.75$$

補足：質（重）量パーセント＝質（重）量分率×100 wt%
75.0 wt% エタノール溶液は溶液 100 g 中に 75.0 g のエタノールを含む。

6.2.2 モル分率とモルパーセント濃度

モル分率：固体中あるいは溶液中のすべての成分の物質量（モル数）に対する目的成分の物質量の比

$$X_A = \frac{n_A}{n_A + n_B + n_C + \cdots}$$

補足：モルパーセント＝モル分率×100 mol%

（**例**）2 mol の水と 3 mol のエタノールからなる溶液中の水とエタノールのモル分率

$$X_{H_2O} = \frac{2.0 \text{ mol } H_2O}{2.0 \text{ mol } H_2O + 3.0 \text{ mol } C_2H_5OH} = \frac{2.0 \text{ mol}}{5.0 \text{ mol}} = 0.4$$

$$X_{C_2H_5OH} = \frac{3.0 \text{ mol } C_2H_5OH}{2.0 \text{ mol } H_2O + 3.0 \text{ mol } C_2H_5OH} = \frac{3.0 \text{ mol}}{5.0 \text{ mol}} = 0.6$$

6.2.3 体積モル濃度と質量モル濃度

体積モル濃度：溶液（溶媒＋溶質）1 l 中の溶質のモル数，mol/l
（M とも表記，molar モーラーと呼ぶ）

質量モル濃度：溶媒 1 kg に加えた溶質のモル数，mol/kg
（m とも表記，molal モラールと呼ぶ）

1Mならびに1mのグルコースの作り方

[1.00 Mのグルコース（$C_6H_{12}O_6$）水溶液]

① 180 gのグルコースを秤量する。
② 秤量したグルコースをビーカーに入れ1l弱の蒸留水で溶解する。
③ 1lメスフラスコ（**図6.2**）にグルコース水溶液を入れ，標線まで蒸留水を加える。
④ 栓をし，縦回転，横回転し，均一に混合する。

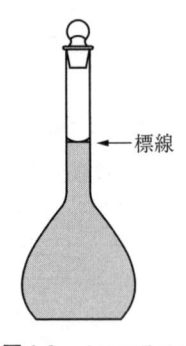

図6.2 メスフラスコ

[1.00 mのD-グルコース（$C_6H_{12}O_6$）水溶液]

① 180 gのD-グルコースを秤量する。
② 秤量したD-グルコースをビーカーまたはフラスコに入れ，1 000 gの蒸留水で溶解する。

6.2.4 当量濃度

1当量のH^+は1当量のOH^-を中和するというように，当量とは化学反応を行う物質の相当量のことである。モル質量を原子価で割るとグラム当量となる。ナトリウムイオンの原子価は1で，モル質量は23 g/molなので，ナトリウムイオンのグラム当量は23 g/mol÷1 Eq/mol＝23 g/Eqである。23 gのナトリウムイオンは1 molであり，1 Eqである。カルシウムイオンは2価で，モル質量は40 g/molなので，グラム当量は40 g/mol÷2 Eq/mol＝20 g/Eqである。40 gのカルシウムイオンは1 molであり，2 Eqである。

当量濃度は，モル濃度に1モル当たりの当量数（原子価）を掛けることにより得られる。1価のナトリウムイオン1 mol/lは1 mol/l×1 Eq/mol（原子価）＝1 Eq/l当量濃度である。一方，2価のカルシウムイオン1 mol/lは1 mol/l×2 Eq/mol（原子価）＝2 Eq/lである。

（**例**）血清カルシウムイオン濃度が10 mg/dlの体積モル濃度と当量濃度を求めてみよう。

6.2 物質の濃度や組成の表し方

【体積モル濃度】

$10 \, \mathrm{mg/d}l \div 40 \, \mathrm{g/mol} = 10 \, \mathrm{mg/d}l \div 40 \, \mathrm{mg/mmol} = 0.25 \, \mathrm{mmol/d}l$
$= 2.5 \, \mathrm{mmol}/l \, (= 2.5 \, \mathrm{mM})$

【当量濃度】

$2.5 \, \mathrm{mmol}/l \times 2 \, \mathrm{Eq/mol} = 2.5 \, \mathrm{mmol}/l \times 2 \, \mathrm{mEq/mmol} = 5 \, \mathrm{mEq}/l$

まとめ

1. 原子番号＝陽子の数＝電子の数
2. 質量数＝陽子の数＋中性子の数
3. 同位体：同一元素の原子で中性子の数が異なる原子同士
4. 相対質量：^{12}C を 12 と定義し，他の元素を相対的に表した質量（単位はない）
5. 原子量：＝平均相対質量＝Σ（相対質量）×（存在比）
6. 式量：化学式に含まれるすべての元素の原子量の和
7. 化学式：元素記号を用いて表すすべての式の総称（すべての式：分子式，組成式，構造式，示性式）
8. モル質量：1モル当たりの質量。原子量，分子量，式量に g/mol をつけた量
9. モル体積：1モル当たりの体積。気体のモル体積は標準状態で種類に関係なく $22.4 \, l/\mathrm{mol}$
10. 濃度の表し方：全体量に対する目的成分の量
    ① 質量，② 体積（容積），③ 物質量
11. 医療でよく用いる濃度の単位（表6.7）

表6.7

	単位	分子（目的成分）	分母（全）	医療での用途
質量パーセント	wt%	質量	質量	食品成分，合金組織
体積パーセント	vol%	体積	体積	ガス，消毒液
質量/体積パーセント	w/v%	質量	体積	粉末薬品の濃度
体積モル濃度	mol/l	物質量（モル数）	体積	一般的な溶液濃度
当量濃度	Eq/l	当量	体積	電解質濃度

演 習 問 題

6.1 つぎの各原子に含まれる陽子，中性子，電子の数はそれぞれ何個か。
$^{12}_{6}C$ $\quad$ $^{23}_{11}Na$ $\quad$ $^{238}_{92}U$

6.2 炭素の同位体は ^{12}C（相対質量 12，存在比 98.93 %）と ^{13}C（相対質量 13.003，存在比 1.07 %）の2種類である。炭素の平均相対質量（原子量）を求めよ。

6.3 標準状態での気体の窒素の密度を求めよ。

6.4 塩化ナトリウム 58.5 g を秤量したのち，1 l のメスフラスコ中で水に完全に溶かした。ナトリウムイオンの体積モル濃度を求めよ。

6.5 塩化カルシウム 111 g を秤量したのち，1 l のメスフラスコ中で水に完全に溶かした。カルシウムイオン，塩化物イオンの体積モル濃度，当量濃度を求めよ。

6.6 生理食塩水は質量/体積パーセント濃度 0.9 w/v % の塩化ナトリウム水溶液である。1 000 ml の生理食塩水を作るには，塩化ナトリウムは何グラム必要か。

6.7 5 M のグルコース水溶液を 10 リットル作成したい。グルコースを何グラム必要か。

6.8 A君は1 M（molar）のグルコース溶液を作成するよう頼まれたが，間違って 1 m（molal）の溶液を作ってしまった。1 M にするためにはグルコース，水どちらを加えたらよいか。正確に補正するためにはどのような物性値が必要か。

コーヒーブレイク

体積モル濃度と質量モル濃度を間違えたら

体積モル濃度 1 mol/l と質量モル濃度 1 mol/kg 溶媒がどのくらい違うのか**図6**に示します。体積モル濃度を基準に考えますと，質量モル濃度 1 mol/kg 溶媒では溶媒 1 kg，例えば水ならほぼ 1 l の溶媒に溶質 1 モル分の体積が全体積となります。溶質のモル体積が v 〔l/mol〕ならば 1 mol 分の体積 v が増えたことになります。すなわち，$(1+v)$ リットルの溶液中に 1 モルの溶質があるので 1.00 m は下式のようになります。

$$1 \text{ mol/kg 溶媒} = \frac{1}{(1+v)} \text{ 〔mol}/l\text{〕}$$

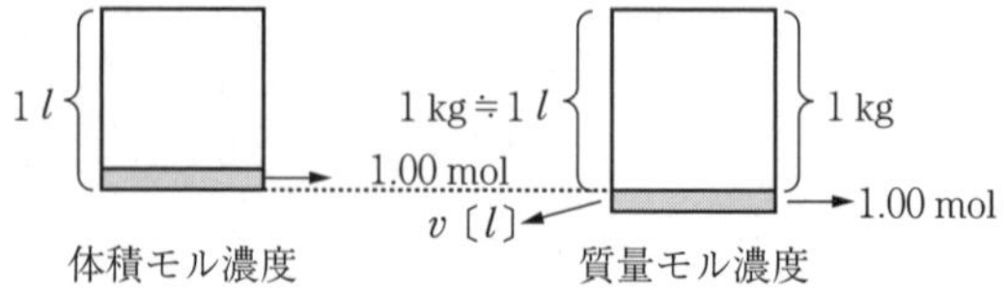

図6 体積モル濃度と質量モル濃度の違い

7 化 学 結 合

6章では元素の性質の周期性が最外殻の電子の数に関係していること，18族以外の元素は18族と同じ電子配置（閉核）をとり，エネルギー的に安定になろうとすることを学んだ。18族の元素が分子や化合物を形成しないことからも推定できるように，原子間の結合が生ずるか否かは，その原子が結合することでエネルギー的により安定なレベルになるかに規定される。その結合様式は，結合を形成するおのおのの原子のもつ電子の授受の強さ，その組合せにより特徴づけられ，大きく3種類，すなわちイオン結合，共有結合，金属結合に分類されている。本章では，これらの結合がどうしてできるのか，またその結合のしかたによりどのような性質が現れるのかを学習する。

7.1 イオン結合とその性質

7.1.1 イオン結合とイオン結晶

イオン化エネルギーの低い周期表左側の原子と電子親和力の大きい周期表右側の原子が近づくと，電子雲が重なり，たがいに最外殻電子を共有するようになる。この組合せの場合，電子は極端に電気陰性度の大きな原子に偏り，**図7.1**に示すように電子1個分の授受が行われる。これがイオン化であり，電子を失うと陽イオン，電子を受け取ると陰イオンとなる。

電子の授受の数を価数と称する。1族は1価，2族は2価の陽イオンとなり，17族は1価，16族は2価の陰イオンになる。陽イオンと陰イオンはたがいに電気的に引き合い（クーロン力）イオン結合を形成する。陽イオンも陰イオンもすべての方向から結合できるが，「電気的に中性でなくてはならない」という条件を満足しなくてはならない。

(陽イオンの価数)×(陽イオンの数) = (陰イオンの価数)×(陰イオンの数)

52　7. 化 学 結 合

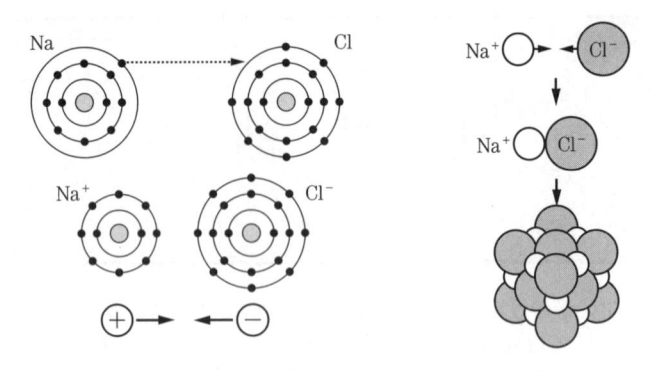

図7.1 イオン結合―イオン間のクーロン力による結合―

イオン結合でできた化合物をイオン結晶と称し，最小単位の組成式で表す。例えば，1価のナトリウムイオン Na^+ と1価の塩化物イオン Cl^- からできる塩化ナトリウム結晶は，NaCl と表す。

7.1.2 イオン結晶の性質

表7.1に，イオン結合，共有結合，金属結合をもつ物質の融点と沸点を示

表7.1 イオン結合，共有結合，金属結合をもつ物質の融点と沸点[11]

結合の種類	例	融点〔℃〕	沸点〔℃〕
イオン結合	塩化ナトリウム NaCl	801	1 413
	水酸化ナトリウム NaOH	318.4	1 390
	酸化マグネシウム MgO	2 800	3 600
共有結合			
分子	酸素 O_2	-218.4	-182.97
	窒素 N_2	-209.86	-195.8
	水 H_2O	0	100
結晶	ダイヤモンド C	3 550	4 800
	二酸化ケイ素 SiO_2	1 550	2 950
金属結合	ナトリウム Na	97.75	883
	マグネシウム Mg	651	1 097
	銅 Cu	1 084.5	2 580
	タングステン W	3 387	5 927

す。融点とは固体から液体，沸点とは液体から気体になる温度，すなわち原子間の結合が失われる温度であるので，融点，沸点が高いほど原子間や分子間の結合が強い（結合エネルギーが大きい）（8章参照）。

イオン結晶では，プラスとマイナスの荷電粒子間でクーロン力が働くので比較的強く結合し，その融点，沸点の高いものが多い（表7.1）。結晶のままでは電気を通さないが，融点以上で溶けた溶融状態ではイオン化し電気を通す。イオン結晶の表面は正電荷と負電荷が露出しているので，極性のある水の中では水和し，溶解すると良電体となる（10章参照）。

イオン結晶の性質としてもう一つ特徴的なのは，加えられた外力に対し，金属のような展性や延性を示さず，もろい性質を示すことである。その理由は，**図7.2**に示すように結晶格子の変形により正または負荷電粒子同士が面することにより斥力が働き，荷電粒子間の距離が大きくなりクーロン力が低下するためである。

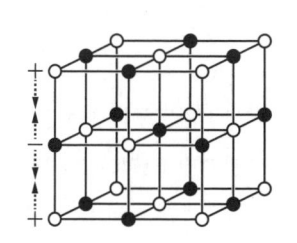

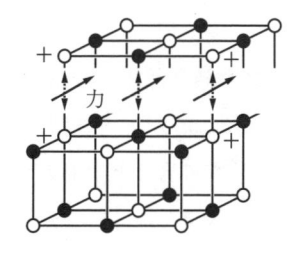

図7.2 イオン結晶の機械的性質

7.1.3 イオン結晶の構造

陽イオンと陰イオンはクーロン力によって結合し，結合のエネルギーが最も大きくなる結晶構造をとろうとする。

図7.3に示すように，結晶構造はイオン半径比と数の比によりおおかた決まってくる。ナトリウムイオンと塩化物イオンのイオン半径比は0.69であるので，正八面体型の面心立方格子をとる。

	(a)	(b)	(c)

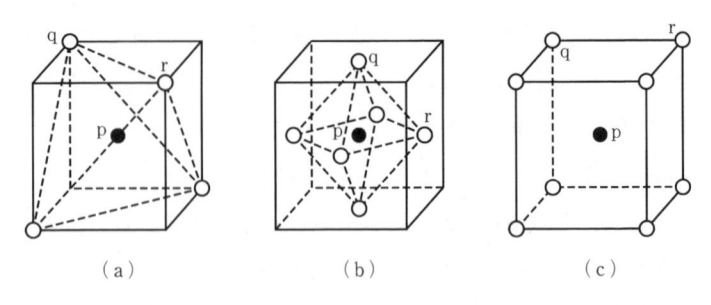

結晶構造	配位数	イオン半径比	例	イオン半径〔Å〕
(a) 四面体型	4	0.225~0.414	SiO_2	Si^{2+} : 0.26
(b) 八面体型	6	0.414~0.732	TiO_2, NaCl	Ti^{2+} : 0.61　Na^+ : 1.16　Cl^- : 1.67
(c) 立方体型	8	0.732~1	CeO_2	Ce^{4+} : 0.97
				O^{2-} : 1.21~1.42

図7.3　イオン半径の比と結晶構造の一般的関係

7.2　共有結合とその性質

7.2.1　共有結合と共有結合分子

図7.4に示すように，一般的に不対電子を有する原子同士が近づき最外殻の電子軌道が重なり合うと，おのおのの電子が他の原子核に引き寄せられ，結合エネルギーが大きくなる。しかし，近づき過ぎると陽子同士の反発が起こりポテンシャルエネルギーが急激に上昇するので，適当な距離（結合距離）で最大値の結合エネルギーをとり分子を形成する。水素は最外殻の1s同士が重なり

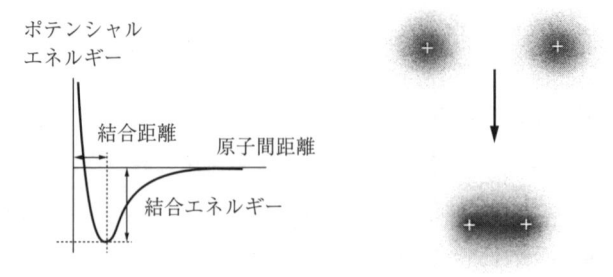

図7.4　2個の水素原子の近接と結合エネルギーの変化

合い，スピン逆向きの電子対を形成し水素分子をつくる。この電子対を共有電子対という。この際，おのおのの水素原子は安定したヘリウム He 型の電子配置，すなわちエネルギーの低い閉殻構造をとっていることになる。

7.2.2 ルイスの式（電子式）による共有結合の表示

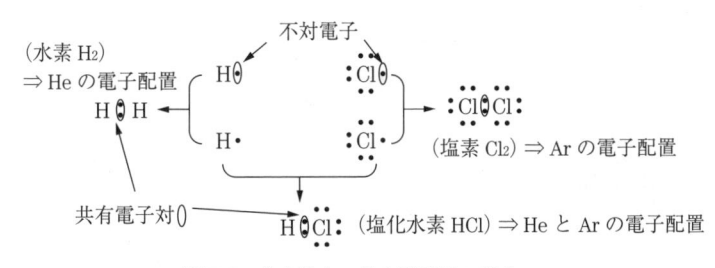

ルイスの式では最外殻に 7 個の電子をもつ塩素 Cl [Ne]$3s^2 3p^5$ は 3 個の電子対と 1 個の不対電子で表される（**図7.5**）。塩化水素 HCl では，水素 H と塩素 Cl が不対電子を 1 個ずつ出し合い電子対を形成し共有結合する。このとき水素は He 型，塩素は Ar 型の電子配置，すなわち四組の電子対を形成する閉核構造をとり安定化する。

図7.5 共有結合—共有電子対の形成—

ルイスの式による共有結合の表し方を水 H_2O で練習してみよう。水を構成する元素は酸素 1 個と水素 2 個で，酸素は 6 個，水素は 1 個の最外殻電子をもつので，その総数は $6e^- + 2 \times e^- = 8e^-$ である。水素と酸素の結合におのおの 2 個ずつ使用するので，残りは $8e^- - 4e^- = 4e^-$ である。これを中心元素の酸素に電子対の形でおいていくと，**図7.6**（1）のような孤立電子対 2 個と共有電子対 2 個を有する水分子の原子間結合の様子が描ける。

水 H_2O，アンモニア NH_3 の例では，中心元素である酸素 O や窒素 N の周囲には四組の電子対が存在する。一組の共有電子対は単（一重）結合を示す。一方，二酸化炭素 CO_2 や窒素 N_2 の例では，中心元素の炭素 C や窒素 N はおのおのの二組，三組の電子対しか有しない。そこで，二酸化炭素では酸素の有する電子対を一組ずつ中心元素に提供すると，炭素も酸素もオクテット則を満足す

7. 化学結合

(1) H₂O

H・ ・Ö・ ・H   O : 6 e⁻   } 8 e⁻ − 4 e⁻ = 4 e⁻
                 H : e⁻ × 2 = 2 e⁻   4 e⁻ ÷ 2 = 2 e⁻

Octet Rule
H(:O:)H 孤立電子対

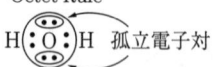

(2) Cl₂

:Cl・ ・Cl: Cl : 7 e⁻ × 2 = 14 e⁻ } 14 e⁻ − 2 e⁻ = 12 e⁻
                                              12 e⁻ ÷ 2 = 6 e⁻

Octet Rule
:Cl(:)Cl:

(3) NH₃

H・ ・N・ ・H   N : 5 e⁻   } 8 e⁻ − 6 e⁻ = 2 e⁻
   ・   H : e⁻ × 3 = 3 e⁻
   H

Octet Rule
H(:N:)H
   H

(4) CO₂

・Ö・ ・C・ ・Ö・   C : 4 e⁻   } 16 e⁻ − 4 e⁻ = 12 e⁻
                 O : 6 e⁻ × 2 = 12 e⁻   12 e⁻ ÷ 2 = 6 e⁻

(:O:)(C)(:O:)

Octet Rule

(O::) C (::O)

(5) N₂

・N̈・ ・N̈・   N : 5 e⁻ × 2 = 10 e⁻ } 10 e⁻ − 2 e⁻ = 8 e⁻
                                              8 e⁻ ÷ 2 = 4 e⁻

(N:)(N)

Octet Rule

(:N:::N:)

図7.6 電子式による共有結合の表示

る。このとき，酸素と炭素の間では二組の電子対を共有するので，この結合は二重結合となる。窒素分子では，三組の電子対を共有する形にするとオクテット則を満足する。窒素分子では三重結合で原子間が結合していることになる。

7.2.3 配位結合

図7.7に示すように，水H_2OやアンモニアNH_3は孤立電子対をもつが，この孤立電子対に電子をもたないプロトンH^+が近づくと，電子に引き寄せられて両者の間で共有結合が生じる。この結合を配位結合という。一旦，配位結合ができてしまえば，他の共有結合，例えばアンモニアの他の三つのN–H間の共有結合と同等の結合となる。

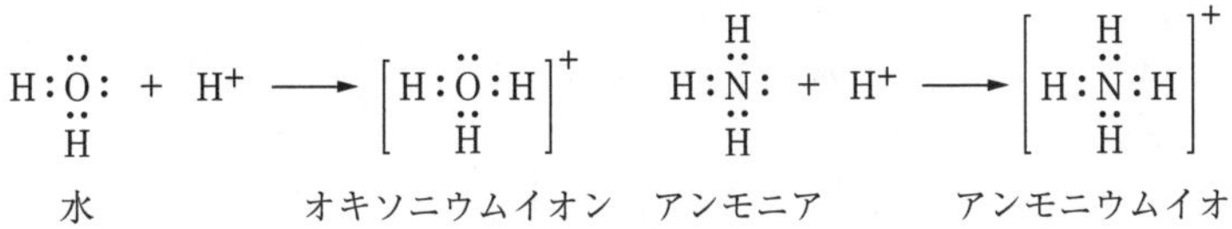

$$H:\ddot{\underset{H}{O}}: + H^+ \longrightarrow \left[H:\ddot{\underset{H}{O}}:H\right]^+ \quad H:\ddot{\underset{H}{\overset{H}{N}}}: + H^+ \longrightarrow \left[H:\underset{H}{\overset{H}{N}}:H\right]^+$$

水　　　　　オキソニウムイオン　　アンモニア　　　　アンモニウムイオン

図7.7　配位結合

7.2.4 分子の極性

表7.2は，同種の原子間の共有結合の例として水素分子H_2，窒素分子N_2を挙げているが，両者ともに近接する原子核が共有する電子を引き寄せる力が等しいので，電荷の偏りは生じない。これを無極性分子という。一方，異種の原子間の共有結合ではおのおのの電気陰性度に少なからず差があるため，電荷の偏り（極性）を生じる。この電荷の偏りの極端な場合がイオン結合であるが，共有結合との間に明確な境界があるわけではない。電気陰性度の差が2程度を一応の目安としている。

異種の原子の結合による分子にも無極性分子が存在する。線状の分子である塩化水素HClと二酸化炭素CO_2を比べてみよう。塩化水素の水素Hと塩素Clは直線上に並び，電子は電気陰性度の大きい塩素に引き寄せられ，分子として極性を示す。二酸化炭素も電気陰性度の異なる炭素と酸素の結合であり，電子

表7.2 極性分子と無極性分子

名称と分子式	電子式	構造式	分子模型	
水素 H_2	H:H [単結合]	H−H	(球模型)	○−○
水 H_2O	H:Ö:H [単結合]	H−O−H	(球模型)	折れ線形 104.5°
アンモニア NH_3	H:N:H H [単結合]	H−N−H H	(球模型)	三角すい形 106.7°
メタン CH_4	H H:C:H H [単結合]	H H−C−H H	(球模型)	正四面体形 109.5°
二酸化炭素 CO_2	:Ö::C::Ö: [二重結合]	O=C=O	(球模型)	直線形
窒素 N_2	:N⋮⋮N: [三重結合]	N≡N	(球模型)	

は酸素に引き寄せられ極性を示しそうであるが、炭素を中心に線状に並んだ酸素の電子の引き寄せる向きが逆向きであるため電子を引き寄せる力が打ち消し合い、分子全体としては無極性となる。水 H_2O, アンモニア NH_3 が極性を示し、メタン CH_4 が無極性であるのも、結合方向すなわち立体的分子の形により極性が打ち消しあうか否かによる。したがって、分子がどのような形をとるかを簡単に推測できれば、分子の極性の有無を判断するうえで助けとなる（13章）。この分子の極性は、材料と生体の相互作用を考えるうえでも非常に重要な因子である。

7.2.5 共有結合分子・結晶の性質

共有結合により、水素分子や酸素分子のような共有結合分子と、ダイヤモンドや二酸化ケイ素のような共有結合結晶などができる。共有結合分子は分子同士に働く分子間力（8章参照）は弱く、常温では気体として存在するものが多

い（表7.1）。ただし，ナフタレン分子 $C_{10}H_8$ やヨウ素分子 I_2 のように常温で分子結晶をつくるものもある。電荷を運ぶイオンや金属結合で重要な役目を果たす自由電子がないので，電気は導かない。

共有結合結晶は，共有結合により原子がつぎつぎと結合しており融点や沸点は極めて高い（表7.1）。共有結合分子同様不導体であるが，グラファイトのように炭素の価電子3個が共有結合で平面をつくり，残り1個が平面を自由に動けるため導電性を示すものもある。

7.3 金属結合とその性質

7.3.1 金属結合

周期表中の111種の元素の中でsブロックの水素，ヘリウムとpブロックの20元素（これらを非金属元素と呼ぶ）を除いた89種類が金属元素である。sブロック元素のアルカリ金属やアルカリ土類金属はイオン化エネルギーが低く，非金属元素とイオン結晶をつくりやすいことは前項で述べたが，身の回りの多くの金属は単体や合金（異種金属の混合物）としても存在でき，塊を形成できるのはなぜであろう。電子を受け取る相手がいない場合の結合様式が金属結合と考えてみてはどうだろう。原子コア（最外殻電子を失った陽イオン）の集団と電子の集団が全体としてクーロン力で結びついているとみると，なぜ金属が電気を伝えやすく，変形しやすいかが理解できる。この構造を**図7.8**に図

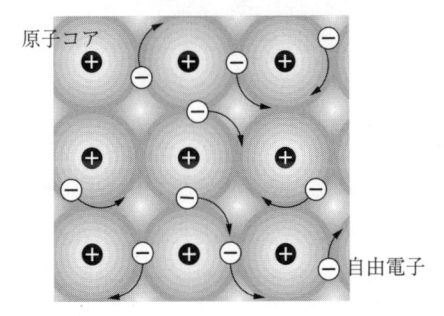

図7.8 金属結合―原子コアと自由電子の結合―

示する。最外殻の電子(価電子)が原子核の拘束から開放され,自由に正電荷をもつ原子コア(図の+の部分)の間を動ける構造となっているのがわかる。この電子を自由電子と呼ぶ。原子コアの周りは,電子が自由に動ける連続した電子軌道が広がっている。

7.3.2 金属の性質

金属の性質として,電気電導率,熱伝導率が高く,金属光沢があるのは自由電子の存在による。したがって,電子を受け取る相手がそばにくると,すぐにイオン化(酸化しやすい)するし,電子の移動(電流)が容易に起こる。また,**図7.9**に示すように,金属結晶の中では+に荷電した原子コアを積み上げたような構造をとっている。原子コア同士は引力で引き合う力と同一電荷(+)間の斥力が相殺され,力を及ぼし合わないので,隙間の反対荷電の自由電子によるクーロン力が原子コアをつなぎとめていると考えてよい。これが外力に対し,原子コアがたやすく位置を変えることができる理由であり,延性や展性などの金属材料に特徴的な機械的性質が生じ加工性がよい理由となっている。

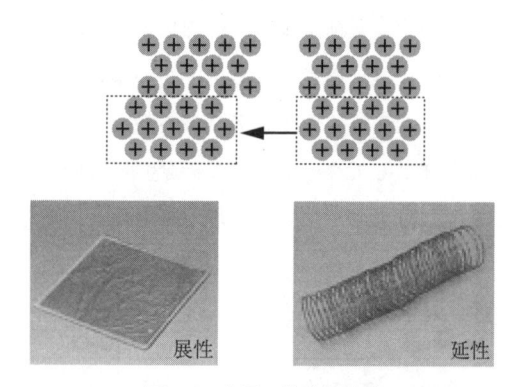

図7.9 金属の構造と性質

イオン結晶や共有結晶に比べ金属結晶は融点や沸点が低いのも,原子コアと電子間の距離が比較的大きくクーロン力が低くなることに起因する。金属元素の中では,一般的に自由電子が多いほどクーロン力が働く結合が多くなり結合

が強くなる。表7.1に示すように，アルカリ金属やアルカリ土類金属よりもタングステンや銅のような遷移金属のほうが融点が高い理由である。

7.3.3 金属の結晶構造

金属結晶の構造は，**図7.10**に示す3種類の結晶格子のいずれかに属する。結晶中の粒子が囲まれている粒子の数を配位数と称し，（a）面心立方格子と（c）六方細密構造は12で，同じ大きさの球を最も密に詰め込んだ構造をとっている。単位格子1個中の粒子の数は**表7.3**に示すように，頂点に位置する粒子は立方体では全球の1/8，側面は1/2，単位格子内は1と勘定する。六方細密構造で気をつけなくてはならないのは，単位格子が三角柱の部分であり，頂点，面，内の総和を3で割らなくてはならないことである。

（a）面心立方格子　　（b）体心立方格子　　（c）六方細密構造

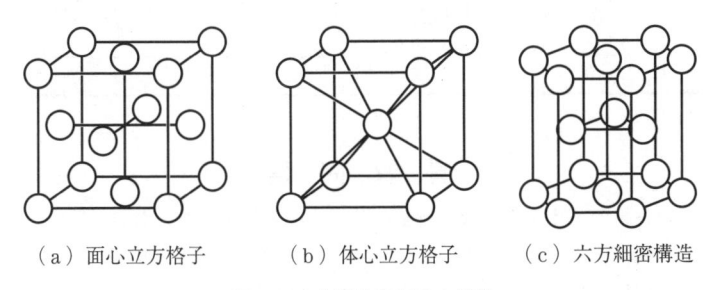

図7.10 金属結晶格子の構造

表7.3 金属結晶格子の分類

格子分類	格子名英文表記	配位数	単位格子1個中の粒子数	例
面心立方格子	face centered cube, fcc	12	$\frac{1}{2} \times \frac{1}{2} \times \frac{1}{2} \times 8 + \frac{1}{2} \times 6 = 4$	Au, Ag, Cu, Al, γ-Fe, Ni
体心立方格子	body centered cube, bcc	8	$\frac{1}{2} \times \frac{1}{2} \times \frac{1}{2} \times 8 + 1 = 2$	アルカリ金属, α-Fe, Cr, Mo, Nb, β-Ti, V
六方細密構造	hexagonal close packing, hcp	12	$\left(\frac{1}{3} \times \frac{1}{2} \times 12 + \frac{1}{2} \times 2 + 3\right) \div 3 = 2$	Mg, Co, α-Zr

まとめ

表7.4

結合の種類	分子	イオン	共有	金属
格子の構成単位粒子	分子または原子	陽イオンと陰イオン	原子	陽イオン(原子コア)
固体状態を維持する力	ファンデルワールス力 双極子 水素	陽イオンと陰イオン間のクーロン力	共有結合	陽イオンと電子間のクーロン力
性質	柔らかい 低融点 非導電性	硬くもろい 高融点 非導電性(ただし,溶融すると導電性)	非常に硬い 高融点 非導電性	硬軟幅広い 高低幅広い 良導電性 腐食
例	ドライアイス 氷 ショ糖 ヨウ素	NaCl $CaCO_3$ $MgSO_4$	SiC ダイヤモンド グラファイト	Na, Li, Cu, Hg W, Ta, Os

演習問題

7.1 つぎの各組のイオンからなる物質の化学式と名称をそれぞれ書け。
(1) Mg^{2+}, F^-　　(2) Ag^+, S^{2-}　　(3) Al^{3+}, SO_4^{2-}
(4) NH_4^+, PO_4^{3-}　　(5) Na^+, H^+, CO_3^{2-}

7.2 つぎの原子は何価の何イオンになるか。
(1) F　　(2) K　　(3) Mg　　(4) S

7.3 つぎの原子または化合物をルイスの電子式で表せ。
(1) CO_2　　(2) H_2O　　(3) Cl_2　　(4) NH_3　　(5) N_2

7.4 ダイヤモンドもグラファイトも共有結合結晶である。導電性をもつのはどちらか。その理由を述べよ。

7.5 金属の延性や展性は何に起因しているのか。

7.6 塩化ナトリウムは非導電性を示すが,溶融すると導電性を示す。その理由を述べよ。

コーヒーブレイク

人工弁は材料のマーケット

　心臓弁が機能しなくなったときに使われるのが人工弁です．人工弁が使われる場所は血液の通り道であり，かつ大きな圧力がかかる所なので，材料に望まれる要求が高いことがわかります．抗血栓性があり力学的な強度が大きいことはもとより，軽いこと，手術しやすいことも材料選択の条件です．**図7**の人工弁にはセラミックス，金属，合成高分子がそれぞれの特徴を生かして使われています．開閉する弁葉はパイロライトカーボン，それを支える弁輪はチタン合金，これを心臓に縫いつけるためにポリエステル不織布が用いられています．

図7 機械的人工弁（メドトロニック・ホール人工心臓弁）カタログより

8 物質の状態

大気圧下で氷が水になる温度を0℃（融点），水が沸騰する温度を100℃（沸点）と定義しているが，さまざまな物質の融点，沸点と比較してみると，物質のもつ重要な性質がみえてくる。そもそもこの状態の変化（相変化）がどうして起こるのであろう。医療の現場でも物質の状態に関連するいろいろな現象を経験したり，利用したりしている。細胞の保存に用いられている液体窒素，保冷剤としての用途の広いドライアイス，加湿器，高圧蒸気滅菌などは，どれも物質の状態を理解することで安全かつ上手に利用することができる。

8.1 物質の三態

図8.1に，一般的な物質の状態変化とそれに伴う物性の変化をまとめた。

固体：固体の状態では分子間力が強く働き，分子はたがいに拘束し合っている。この状態では振動や回転以外の運動量はもたず，エネルギー的に最も安定な構造をとろうとしている。

液体：固体に熱などのエネルギーが加わると分子の運動量が大きくなる。この運動量が分子間力と拮抗するようになると自由に運動できるようになり，流動性が生じる。これが融解（液化）である。不規則ではあるが分子はこの状態でもた

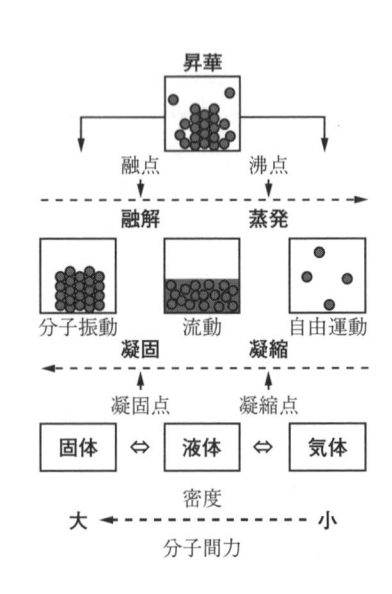

図8.1 物質の三態

がいに接触しているので，単位体積当たりの分子数，すなわち密度は大きく変化しない。

気体：さらにエネルギーが加わると，分子間の束縛を離れ自由に運動できるようになる。これが蒸発（気化）である。体積は他の状態よりも大きくなる。

相変化の起こる温度は，温度上昇時と下降時で異なった呼び方をするが同じ値である。すなわち融点は凝固点，沸点は凝縮点に対応する。ドライアイスは大気圧下で固体から気体へ相変化する昇華の代表例であるが，このことは二酸化炭素の状態図から容易に理解できる（コーヒーブレイク参照）。

8.2 分子（粒子）の運動

気体の分子は，分子の質量と速度の二乗に比例した運動エネルギーをもちながら自由に運動しているが，たがいの衝突によりエネルギー分布を生んでいる。それでは，液体や固体ではどうであろう。**図8.2**に，液体の表面と内部の分子間に働く力を示す。内部では全方向に力を及ぼし合うが，表面では隣り合う分子のいない面があることに注目されたい。これが表面である。エネルギーが加わると，表面の分子は内部の分子に比べ周りからの束縛から容易に解放され気相に飛び出す。前述の気化である。

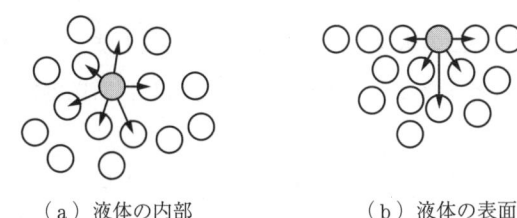

（a）液体の内部　　　　　（b）液体の表面

図8.2　液相の分子間に及ぼし合う力

図8.3（a）にこれらの液体分子のもつ運動エネルギーの分布を示すが，前述の気体も同じようなエネルギー分布を示している。ある値以上の運動エネルギーをもつ粒子が，分子間結合の束縛を離れ気化できる最小の運動エネルギー

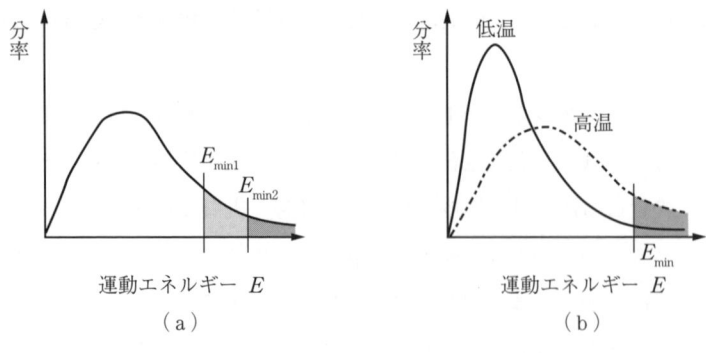

図 8.3 運動する粒子のもつエネルギー分布

を E_{min1}，E_{min2} で示す．この気化に必要な最低限の運動エネルギーはこの分子間に及ぼし合う力にほかならず，次節に述べるように分子の性質に依存する．粒子間の束縛が小さい分子では気化するのに必要なエネルギーは小さく（E_{min1}），束縛が大きい分子では大きな運動エネルギー（E_{min2}）を必要とする．また，分子の運動エネルギー分布は与えられた温度によっても変化し，図8.3（b）のように高い温度では運動エネルギーの大きな粒子の分率が大きくなり，気化できる量が増す．

8.3 気 液 平 衡

雨上がりの道路の上の水はしばらくして蒸発してしまうが，その上に容器をかぶせ密閉したらどうだろう．**図8.4**に示すように，密閉容器内の液体表面か

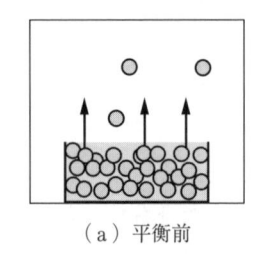

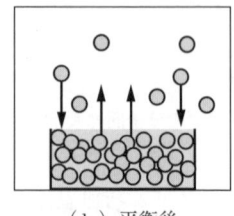

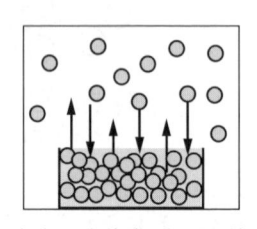

図8.4 気 液 平 衡

8.3 気液平衡

らは液体が蒸発（気化）するが，気化した分子もその一部は再び凝集し液化する。時間が経過すると，気化する分子と液化する分子の数が等しくなり，見かけ上，気化も液化も起こっていない状態となる。この状態を気液平衡状態という。気液平衡時の蒸気の示す圧力を飽和蒸気圧という。温度が上がれば分子のもつエネルギーも増え，飽和蒸気圧も上昇する。

それではどのように飽和蒸気圧を測定するのだろう。図8.5（a）に示すように，先端を閉じたガラス管に水銀を満たし空気を入れないように注意深く逆さにして水銀溜めに入れると，管の中の水銀が流れ出しガラス管の上部に真空の隙間ができる。この水銀の液面は，水銀溜めの液面からちょうど76 cm（760 mm）である。760 mmの水銀柱が及ぼす圧力と大気の圧力が釣り合っていることを示す。1気圧 = 760 mmHg のゆえんである。

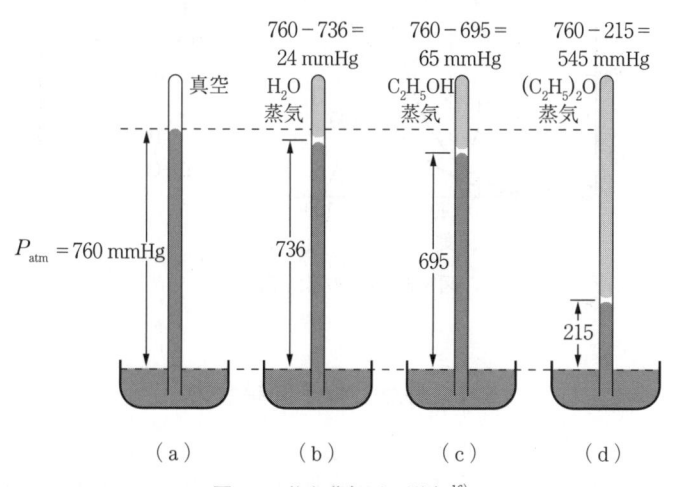

図8.5 飽和蒸気圧の測定 [16]

この真空の隙間に，水，エタノール，ジエチルエーテルをおのおの少量入れると気化が始まり，水銀柱をある高さまで押し下げる（図8.5（b）〜（d））。この圧力がその温度での蒸気圧である。水は100℃で760 mmHg（1気圧）の蒸気圧を示すということは，1気圧という圧力に抗して表面だけでなく内部の水もすべて気化することを意味している。これが沸騰である。それに比し，沸

点以下では表面から気化が進むが，内部は液体の状態として存在し両者が平衡を保っている。

図8.6に，3種類の純物質の飽和蒸気圧と温度の関係を示す。吸引麻酔剤としても使用されているジエチルエーテルはエタノールや水に比べ，飽和蒸気圧が大きく蒸発しやすいのはなぜであろう。すでに学習したように，分子のもつ極性が異なるからである。極性が小さいジエチルエーテルは，気化するのに必要なエネルギーが小さいことを示している（図8.3（a）E_{min1}）。

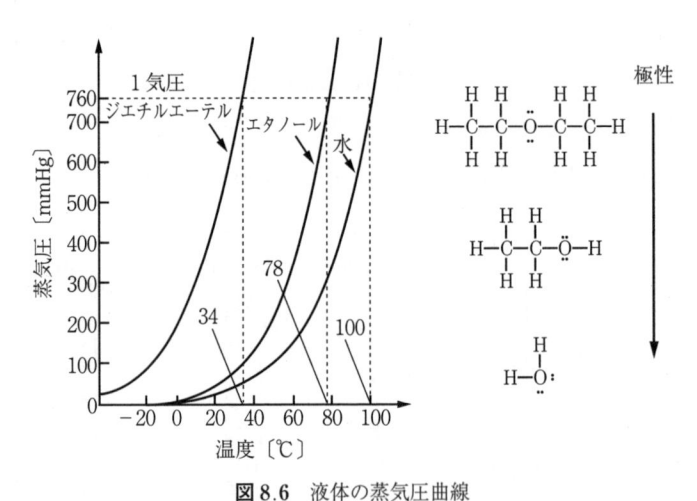

図8.6 液体の蒸気圧曲線

8.4 沸点と分子間結合力

図8.7は，14～17族元素の水素化合物の沸点と分子量の関係を表している。水素化合物は水素と水素以外の原子の化合物であるので，電子は水素に比べ電気陰性度の大きい原子に引き寄せられ，分子の中である距離を離れた大きさの等しい正電荷と負電荷が生じることになる（5章）。これを双極子という。双極子を有する分子の間には，それぞれの正電荷と負電荷の間に引力が発生し，分子同士を引きつける力として作用することとなる。これを双極子−双極子力と呼んでいる。その差が大きな，フッ素，酸素，窒素など第2周期の元素

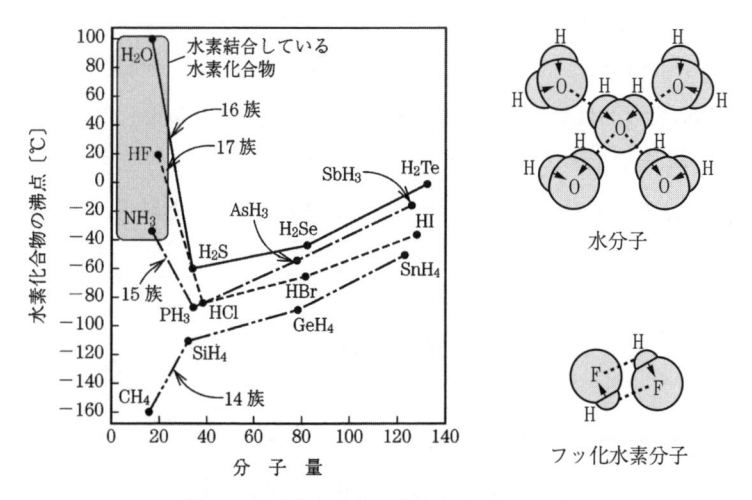

図8.7 水素化化合物の沸点と分子量の関係

の場合は永久双極子を形成し，双極子間で比較的大きな結合を形成するため，沸点が大きい。この結合は双極子の相互作用の特別な形として，特に水素結合と呼んでいる。その強さは共有結合の5〜10％程度にもなり，水の性質や核酸，タンパク質，合成高分子の構造などに重要な役割を果たしている。

　第3周期以降では電気陰性度の差はそれほど大きくはないため，一般的に，電子雲の大きさ，すなわち分子量に比例して結合は強くなり，沸点が上昇する。なぜなら，水素に結合している元素の原子量が大きくなると電子の瞬間的な偏りも多くなり，瞬間双極子による分子間結合力（ロンドン-ファンデル

表8.1 希ガスとハロゲンガスの融点と沸点

	分子式	分子量	融点〔℃〕	沸点〔℃〕
希ガス	He	4	-272	-269
	Ne	20	-249	-246
	Ar	40	-189	-186
	Kr	84	-157	-152
	Xe	131	-112	-108
ハロゲン	F_2	38	-220	-188
	Cl_2	72	-101	-35
	Br_2	160	7	59
	I_2	254	114	184

ワールス力）が分子間に生ずるからである。この作用力は非常に弱いが，無極性分子間の相互作用においては重要な役割を果たしている。例えば，**表**8.1に示す18族の希ガスは無極性の単原子分子で，常温では気体として存在するが冷却していくと液化する。ハロゲンガスは同種の2原子分子として存在するので，無極性分子である。希ガス同様，分子量が大きくなると融点，沸点も上昇する。

8.5 状 態 図

図8.6から大気圧下での水，エタノール，ジエチルエーテルの沸点はおのおの100℃，78℃，34℃であることが示された。それでは，圧力が低い状態ではどうなるであろう。気化することを抑えられていた分子が気化しやすくなり沸点は下がる。例えば，高い山の上で水を沸騰させても100℃には達しない。このように，物質の状態は圧力と温度により決まる。この関係を図示したのが物質の状態図で，**図**8.8に水の状態図をその例として示す。

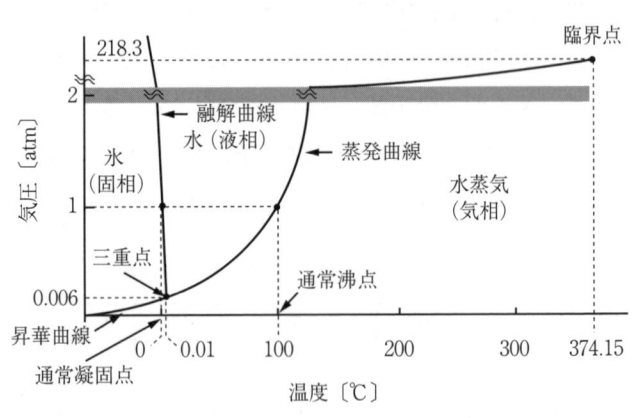

図8.8 物質の状態は温度と圧力により変化する（水の状態図）[17]

この図の中には昇華曲線（氷の飽和蒸気圧），融解曲線（融点），蒸発曲線（水の飽和蒸気圧）という3本の線があり，これにより固相，液相，気相が分けられている。昇華曲線上では固相と気相，融解曲線上では固相と液相，蒸発

曲線上では液相と気相が共存している。3本の線が交わった点を三重点といい，三つの相が共存している。1気圧を横切る点線と交わる点から温度軸に垂線を下ろすと通常融点（0℃），通常沸点（100℃）となる。圧力と温度をうまく利用すると固体から液体を経ず，気体へと昇華させることができる。これが凍結乾燥法である。一方，高圧にすると沸点が上昇し，より高い温度で気液共存状態を作ることができる。これが高圧蒸気滅菌が効果的に微生物を死滅させる理由である。

まとめ

1. 物質の三態：固相—液相—気相
2. 融点は固体から液体になる温度で，固液共存状態である
3. 沸点は液体から気体になる温度で，気液共存状態である
4. 固体，液体，気体を構成する粒子はそれぞれ運動しており，エネルギー分布をもつ
5. 一般的に融点，沸点は分子量に比例する
6. 一般的に極性を有する物質は融点，沸点が高い
7. 気液平衡状態では液体 ⇌ 気体間の相変化の速度が等しく，みかけ上，相変化が起こってない状態のことである

演習問題

8.1 水の状態図において以下の条件での状態を記せ。
（1）500 mmHg　0℃　（2）760 mmHg　50℃　（3）760 mmHg　110℃
（4）1 500 mmHg　100℃　（5）100 mmHg　50℃

8.2 室温（20℃）でアセトンの蒸気圧は220 mmHgである。ジエチルエーテルに比べ分子間力は強いか。

8.3 分子の運動エネルギーの分布を示す右図で，高温はどちらか。

8.4 3 776 mの富士山の山頂で湯を沸かした。温度は何度か。ただし，山頂の気圧は468 mmHgである。

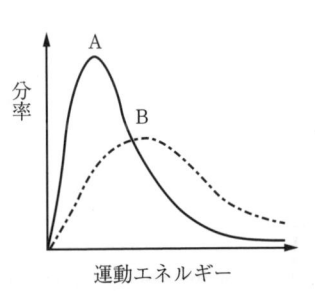

8.5 氷は水よりも軽い。なぜか。

8.6 14～17族の水素化合物において，第2周期で特異的な沸点を示す理由はなにか。

8.7 14～17族の水素化合物において，周期が増すにつれ沸点が上昇する理由はなにか。

コーヒーブレイク

二酸化炭素の状態図からわかること

保冷剤として使われているドライアイスは二酸化炭素から製造されます。気体の二酸化炭素を約130気圧まで加圧することで液化し，急速に減圧して大気に戻すと気化しますが，その際，気化熱を奪われ凝固点以下となり粉末状になります。それを成型すれば保冷用のドライアイスとなります。二酸化炭素の三重点は5.2気圧，−57℃ですので，1気圧（大気圧）では固体から液体を経ずに気体となります（図8）。

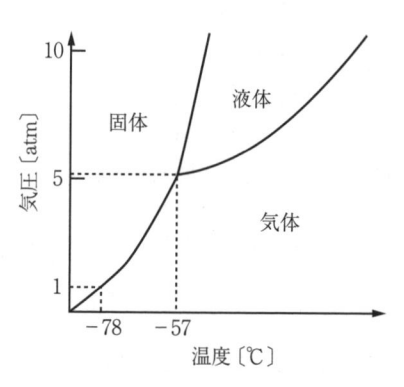

図8 二酸化炭素の状態図 [16]

9 気体とその性質

　空気は，窒素約 78 %，酸素約 21%，わずかにアルゴンなどの希ガスや二酸化炭素を含む混合物である。空気中の成分気体は，血液中に取り込まれ全身に運ばれる。その中の酸素の多くはヘモグロビンと結合し末梢まで運ばれ，細胞に取り込まれた後，糖を燃焼し生命にとって重要なエネルギーを産生する。そこで産生した二酸化炭素は肺へ運ばれ，呼気から体外へ排出される。肺の機能が悪くなると酸素と二酸化炭素の換気不全となるため，人工呼吸器が必要になる。潜水病は急激な圧力の変化により体液中に溶けている気体（特に窒素）が気泡となり，血管の閉塞をはじめ組織傷害を起こす疾病である。血漿に酸素を強制的に溶かし込み閉塞部へ供給する潜水病への処置が，高気圧治療である。これらの疾病や治療法を理解するうえでも，気体の基本的な性質を学習することは重要である。

9.1 気体の圧力

　8 章の水の三態で学んだように，固体の氷を熱すると，それを構成する水分子同士の運動が活発になり流動化し，氷から水へ相変化する。さらに熱すると気化して水蒸気となり，羽根車（タービン）を回して発電したり，蒸気機関車の駆動力となる。運動している気体分子がタービンに衝突することで，運動エネルギーが羽根の回転に変換されるからである。図 9.1 のような U 字の圧力

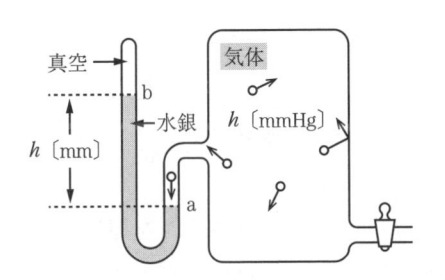

図 9.1　気体の圧力の測定[18]

計を取り付けた密閉容器に気体を加えると,圧力計の液面が変化する。加えた気体分子が壁へ衝突し液面を押し下げたことになり,この高さに対応したものが気体の圧力である。

9.2 気体の圧縮性

空のアルミ缶に栓をして海の底へ強制的に沈めると,水圧がかかり缶がつぶれるが,中に液体が満たされていればつぶれない(**図9.2**)。同様に気圧の低い山の頂上では,空き缶は膨れ上がる。同じことが注射器内の気体や液体でもいえる。気体を入れた注射器の出口を指で押さえ,ピストンを強く押すとピストンは動き,指に圧力を感じる。ピストンが動いたのだから体積は減少したことになる。これを気体の圧縮性という。一方,液体を満たした注射器では指に圧力を感ずるが,ピストンは動かない。これを液体の非圧縮性という。

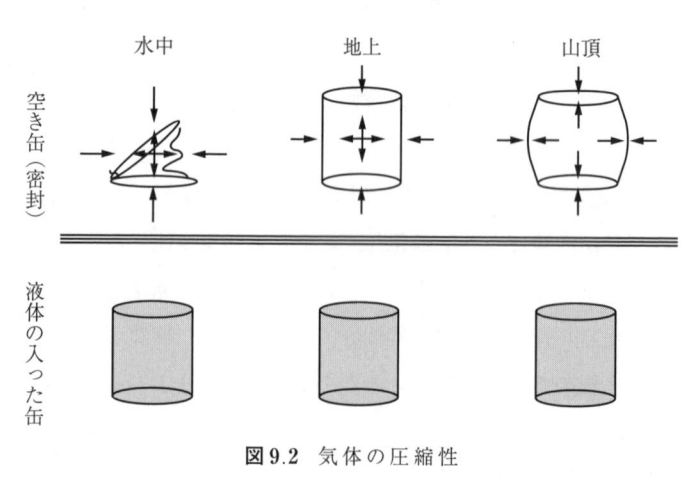

図9.2 気体の圧縮性

9.3 ボイルの法則

気体を入れた注射器の出口に圧力計をつなぎ,ピストンを押して注射器の体積を変化させると気体の圧力 P と体積 V に,**図9.3**に示すような $PV=$ 一定

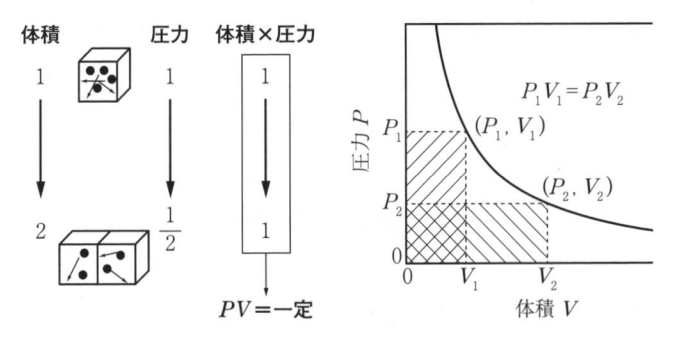

図 9.3　気体の圧力と体積の関係

という関係が成り立つことがわかる。これをボイルの法則という。体外循環回路のエアートラップの液面の上昇は，回路内圧が上昇し，この場所の空気が圧縮されたことを示している。$PV=$ 一定という状態から急速に P が減少したとき，例えば，潜水士が急速に海面に浮上したような場合には V が大きくなることを意味している。血漿（体液）中の溶存窒素が大きく膨張し空気塞栓のおもな原因となるのも，ボイルの法則によって説明できる。

9.4　シャルルの法則

冬の寒い日にストーブを焚くと，天井付近に暖かい空気が溜まる。熱せられ

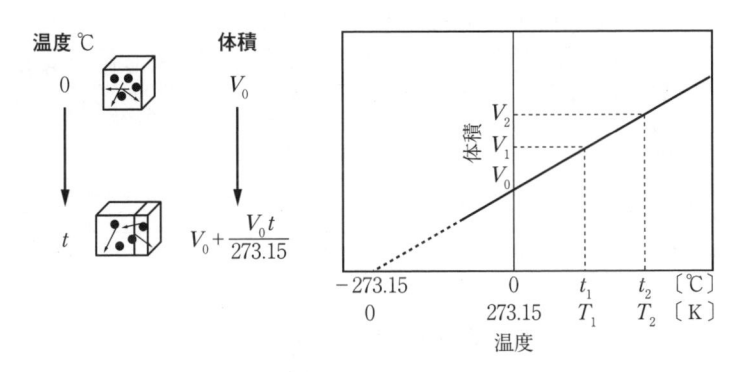

図 9.4　気体の体積と温度の関係（圧力一定）

た空気は体積を増やし、密度が下がる。すなわち、周囲の温度の空気より相対的に軽くなり、浮かび上がる。式で表すと $V/T=$ 一定となり、これをシャルルの法則という（図9.4）。

9.5　気体の状態方程式

ボイルの法則とシャルルの法則を合わせると $PV/T=$ 一定と表すことができ、これをボイル・シャルルの法則という。気体1モルの占める体積は、種類に関わらず同じである。このことから、気体の状態方程式が導かれた。R は気体定数で $8.31\,\mathrm{J/(K \cdot mol)}\,(=0.082\,\mathrm{atm} \cdot l/(\mathrm{K \cdot mol}))$、$n$ はモル数である。

$$PV = nRT$$

9.6　気体の分圧

混合気体の圧力（全圧）は、それを構成する成分気体の分圧の和となる。1気圧は760 mmHg であるから、空気中の窒素、酸素の分圧はそれぞれ 760 mmHg×0.78＝ 約 593 mmHg、760 mmHg×0.21＝ 約 160 mmHg である。表9.1 に大気、吸気（湿り空気）、肺胞内空気の各成分気体の分圧を示す。

表9.1　大気、吸気、肺胞内の各成分気体の分布 [19]　　〔mmHg〕

	種類	大気	気道内空気	肺胞内空気	肺動脈血	肺静脈血
分圧	N_2	593	563	569	675	625
	O_2	160	149	104	40	95
	CO_2	0.3	0.3	40	45	40
	H_2O	<7	47	47	－	－
全圧		760	760	760	760	760

9.7　気体の溶解度とヘンリーの法則

各成分気体は、肺胞中と血液中（肺動脈血）の濃度差により肺胞壁と血管壁

を介して移動する。酸素は赤血球内のヘモグロビンと結合し運ばれるが，その他の成分気体は血漿（ほぼ水とみなしてよい）に溶解して運ばれる。一部の酸素も同様である。

図9.5は水への酸素の溶解を示すものである。水中に酸素がなければ一方的に溶けるが，しだいに分圧が上昇すると水面から酸素が気相へ移動し，最終的には動的平衡に達する。

p_{O_2} =	100 mmHg	100 mmHg	100 mmHg	500 mmHg
p_{O_2} =	0 mmHg	50 mmHg	100 mmHg	0 mmHg

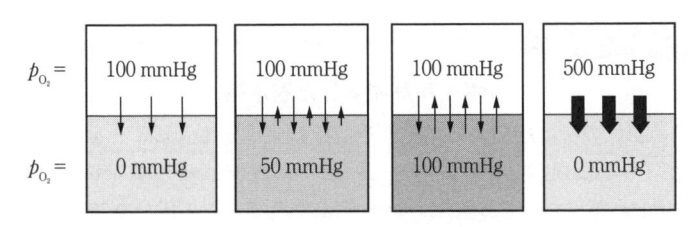

図9.5 気体の圧力と液体への溶解の関係

溶ける量 C は二つの因子で決まる。一つは圧力 p，もう一つはヘンリー定数 H という分子の種類，温度によって異なる溶解度である。これをヘンリーの法則という。

$$C = Hp$$

溶解度の温度依存性は10章，表10.2で詳しく紹介するが，体温付近での生体や医療に関連する気体の水に対する溶解度（水 1 l に溶解できる気体の体積：0℃，1 atm のときの体積に換算，l/atm）は以下のとおりである。

酸　素	0.024
窒　素	0.012
二酸化炭素	0.57
一酸化炭素	0.018
ヘリウム	0.008

この法則に従えば，10 m 潜ると 2 気圧かかるので，窒素や酸素は大気下の 2 倍血液に溶け込むことになる（コーヒーブレイク参照）。11章でも述べるが，二酸化炭素の溶解は化学変化も伴うことを覚えておこう。

酸素をたくさん血漿に溶かすには，酸素分圧 p_{O_2} を大きくすればよい。この

9. 気体とその性質

原理を利用して高気圧治療が行われる。

9.8 医療用ガス

医療で取り扱うガス（医療用ガス）の分子量，物性値（比重，沸点），性質

コーヒーブレイク

ボイルが発見した潜水病

　高圧の空気の中の蛇を大気に戻すと"目"に気泡が生じることを発見したのは，「ボイルの法則」で有名なロバート・ボイルです。例えば，56 m 潜ると約 5 000 mmHg（5.6＋1＝6.6 気圧）かかりますので，この圧力を空気ボンベでかけておかないと肺がつぶれてしまいます。この全圧の 78％が窒素なので，窒素分圧は約 3 900 mmHg，長い間この環境下にいると体内の窒素分圧も上昇し約 3 900 mmHg の平衡に達します（図 9（a））。この状態で急激に海面に浮上し大気圧（760 mmHg）にさらされますと（図（b）），体液に溶存していた窒素が体内の至るところに泡となるため，さまざまな組織傷害を起こします。これが潜水病で，その原理はまさにボイルの法則であることがわかります。

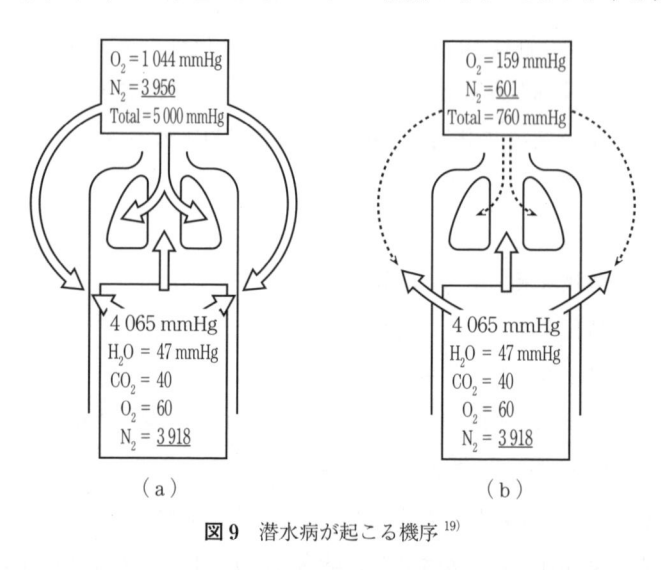

(a)
O_2 = 1 044 mmHg
N_2 = 3 956
Total = 5 000 mmHg

4 065 mmHg
H_2O = 47 mmHg
CO_2 = 40
O_2 = 60
N_2 = 3 918

(b)
O_2 = 159 mmHg
N_2 = 601
Total = 760 mmHg

4 065 mmHg
H_2O = 47 mmHg
CO_2 = 40
O_2 = 60
N_2 = 3 918

図 9　潜水病が起こる機序 [19]

を表9.2に示す。ヘリウムは軽くて反応性が乏しいので，IABP駆動用のガスとして用いられている。窒素は低い沸点と低反応性などから，生体サンプルの凍結保存に利用されている。腹腔鏡手術では視野の確保に気体を用いるが，不燃性で比較的生体に吸収されやすい二酸化炭素が優れている。亜酸化窒素は笑気とも呼ばれ，N-N-O型（N＝N＝O）の安定な窒素酸化物で，酸素20 vol%と混合して吸入麻酔薬として使われている。

表9.2 医療用ガスの分子量，物性値，性質[11]

	分子式	分子量	外観	比重	沸点	性質	用途
圧縮空気	−	*29	無色無臭	1.000	−191.4	支燃性	呼吸療法
ヘリウム	He	4	無色無臭	0.138	−268.9	不燃性	IABP
窒素	N_2	28	無色無臭	0.967	−195.8	不燃性	凍結保存
酸素	O_2	32	無色無臭	1.105	−183.0	支燃性	呼吸療法
二酸化炭素	CO_2	44	無色無臭	1.527	−78.2	不燃性	内視鏡手術
亜酸化窒素	N_2O	44	無色甘臭	1.530	−88.5	支燃性	（笑気）麻酔

＊空気の平均分子量 ≒ 28 × 0.78 + 32 × 0.21 + 40 × 0.01 = 29。
　空気の密度 1.293 kg·m^{-3}（0℃，101.3 kPa）

まとめ

1. 気体は流動的で圧縮性がある
2. ボイルの法則　$PV =$ 一定：温度一定条件では，気体の圧力と体積の積は一定である
3. シャルルの法則　$V/T =$ 一定：圧力一定条件では，気体の体積は温度に比例する
4. 気体の状態方程式　$PV = nRT$：理想気体では圧力と体積の積はモル数と温度に比例する
5. 気体の分圧の和は全圧に等しい
6. 気体の溶解度は気体の種類により異なる
7. ヘンリーの法則　$c = Hp$：液体に溶解する気体の体積はその分圧に比例する

演 習 問 題

9.1 空気の平均分子量を求めよ。
9.2 気球の中の空気を熱すると浮かび上がるのはなぜか。この現象はどの気体の法則で説明できるか。
9.3 0℃, 2.00 atm で 11.2 l の気体の体積は, 20℃, 1.00 atm では何 l か。
9.4 理想気体についてつぎの問いに答えよ。
　　（1）気体の状態方程式を記せ。
　　（2）標準状態の値を代入し, 気体定数を求めよ。
　　（3）気体定数を国際単位系（SI）に換算せよ。
9.5 1気圧（atm）は何 mmHg か。
9.6 全圧を 760 mmHg として, 空気中の窒素, 酸素, 二酸化炭素の分圧はいくらか。
9.7 酸素をたくさん血漿中に溶かすにはどうすればよいか。
9.8 空気, ヘリウム, 窒素, 酸素, 二酸化炭素, 笑気ガスの標準状態の密度を求めよ。

10 溶液とその性質

　生体を構成する成分の約 60〜70%が水で，その中にはナトリウムイオン Na^+，カリウムイオン K^+，塩化物イオン Cl^-，重炭酸イオン HCO_3^- などの電解質やタンパク質，糖質，脂質が含まれていることを 1 章で学んだ。血漿や血清は血液から血球成分を除いた電解質溶液であり，かつコロイド溶液でもある。血液透析で登場する限外濾過液は電解質溶液であるが，コロイド溶液ではない。本章では，電解質溶液，コロイド溶液とは何か，その成り立ちや性質を学習し，医療に関係する溶液に対する理解を深める。

10.1 溶液と溶媒和

　生理食塩水は 0.9 g の塩化ナトリウム NaCl を水に溶かし全量を 100 ml にするとできる（質量体積パーセント濃度 0.9 w/v% で表示する）。この様子を図 10.1 に示す。水は極性分子であり，塩化ナトリウム結晶のナトリウムイオン Na^+ に水分子の酸素が，塩化物イオン Cl^- に水分子の水素が配向し，塩化ナトリウム結晶中の Na^+ と Cl^- 間のイオン結合を解き，両イオンを水分子で囲み水中に溶解させる。これを水和というが，一般的には溶媒和という。このとき，塩化ナトリウムは溶質，水は溶媒，生理食塩水は溶液である。特に，水が溶媒のときは水溶液という。水以外の溶媒を非水溶媒（例：トルエン $C_6H_5CH_3$）と

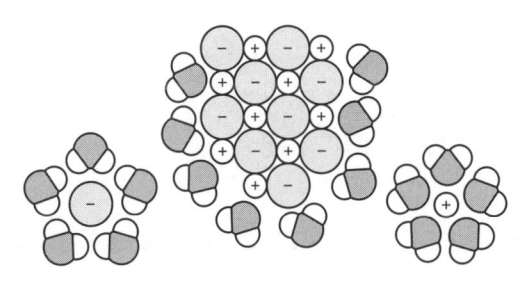

図 10.1　NaCl 結晶の水和

いう。

溶質は固体（例：塩化ナトリウム），液体（例：エタノール C_2H_5OH），気体（例：二酸化炭素 CO_2）のいずれであってもよい。塩化ナトリウムのように溶解するとイオンになる物質を電解質，グルコース $C_6H_{12}O_6$ や尿素 $(NH_2)_2CO$, クレアチニン $C_4H_7N_3O$ のように，溶解してもイオンにならないものを非電解質という。

10.2　親水性と疎水性

溶質が溶媒にどれだけ溶けるかは，溶質と溶媒の親和性で決まる。溶媒が水の場合，電解質はよく溶ける。非電解質でも，ヒドロキシ基 -OH を多く含む糖類（例：グルコース）や低級アルコール（メタノール CH_3OH，エタノール C_2H_5OH，プロパノール C_3H_7OH など）もよく溶ける。極性のある水分子と対の電荷間で弱い結合を形成するからである（図 10.2）。

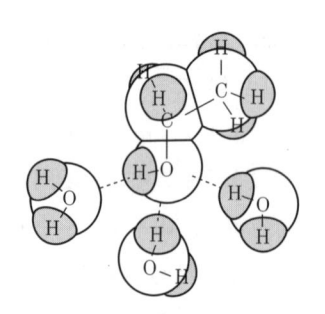

図 10.2　エタノールの水和

このように水との親和性を有する性質を親水性という。一方，極性をもたない非電解質は水には溶けにくく，ベンゼンやトルエンのような非水溶媒によく溶ける。この性質を疎水性という。

10.3　溶　解　度

海水の塩分濃度は約 3.5 w/w% であり，海水 100 g に食塩 3.5 g を含んでい

ることになる。いったいどのくらい濃い塩化ナトリウム水溶液ができるのであろう。その答えは**表10.1**から計算できる。この表には，水100gに溶解できる電解質や非電解質の最大の質量が載せてある。例えば20℃では，塩化ナトリウムを水100gに対し最大35.8g溶かすことができる。したがって，20℃における質量％濃度（w/w%濃度）は$\{35.8 \div (100+35.8)\} \times 100 = 26.4\%$であり，この温度で最も濃い塩化ナトリウム水溶液となる。この溶液を飽和溶液という。

表10.1 固体の水に対する溶解度 [20]

固体 \ 温度〔℃〕	0	20	40	60	80
塩化ナトリウム $NaCl$	35.7	35.8	36.3	37.1	38.0
塩化カリウム KCl	28.1	34.2	40.1	45.8	51.3
塩化カルシウム $CaCl_2$	59.5	74.5	114.6	137.0	146.9
炭酸水素ナトリウム $NaHCO_3$	6.93	9.55	12.73	16.41	―
グルコース $C_6H_{12}O_6$	9.23	20.6	43.3	78.3	125

水100gに溶ける溶質（無水物）のグラム数：単位は〔g〕

固体の溶解度は一般に温度が高くなると増加する。アイスコーヒーよりもホットコーヒーに砂糖がよく溶けるのと同じで，吸熱的である。すなわち，加えられたエネルギーにより固体を形成している各粒子の動きが活発になり，粒子間の結合を切って溶解しやすくなる。

一方，気体の溶解度は温度が高くなれば小さくなる（**表10.2**）。炭酸飲料は二酸化炭素を高圧で溶かし込んだものであるが，温度が高いとすぐに気が抜け

表10.2 気体の水に対する溶解度 [21]

温度〔℃〕	0	20	40	60	80	100
水素 H_2	0.022	0.018	0.016	0.016	0.016	0.016
酸素 O_2	0.049	0.031	0.023	0.019	0.018	0.017
窒素 N_2	0.024	0.016	0.012	0.010	0.0096	0.0095
二酸化炭素 CO_2	1.71	0.88	0.53	0.36	―	―

水1lに対する気体の溶ける体積（0℃，1atmのときの値に換算）：単位はl

てしまう。熱を失うことで溶解度が増すので，発熱的である。エネルギーを失うことで粒子の動きが小さくなり粒子間の束縛が大きくなり，この例の場合，溶媒の水分子の中に溶け込めやすくなる。高気圧療法は血漿に酸素をより多く溶かし込むために圧力をかけるが，この操作は発熱的で温度の上昇を伴うことを経験するであろう。吸熱や発熱という現象は，物質の変化において理解してもらいたい重要事項の一つであるので，19章で詳述する。

10.4 溶液の性質

海水の塩分濃度は約 3.5 w/w%，生理食塩水は 0.9 w/v% であることはすでに紹介したが，生理的とはいったい何であろう。図 10.3 に示すように，0.9 w/v% の生理食塩水に赤血球を入れても，変化は起こらないが，水や希薄な塩化ナトリウム溶液では赤血球の内部に水が入り赤血球は膨張する。一方，濃度の濃い塩化ナトリウム溶液では，内部の水が外側に出て赤血球は縮んでしまう。これは，赤血球膜が溶媒の水は通すがナトリウムイオンや塩化物イオンを阻止する半透膜として働き，塩化ナトリウム溶液と赤血球内液の浸透圧差で水の出入りが起こるからである（2章）。

図 10.4 は溶液のもつ浸透を模式的に表したものである。溶媒を通過させるが溶質の通過は阻止する半透膜をU字管の中央につけ，片側に溶媒，もう一方に溶液を加える。溶媒は半透膜を通過し溶液の方へ移動し，ある高さ h のと

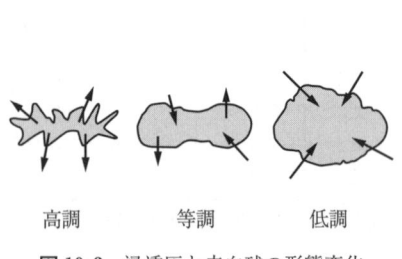

図 10.3 浸透圧と赤血球の形態変化

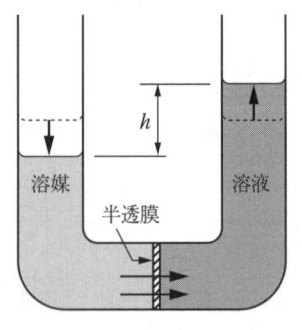

図 10.4 半透膜を介する浸透

ころでバランスを保つ。これを浸透と呼び，この液面を最初の位置に保つのに必要な圧力が浸透圧に等しい。ファントホッフは，浸透圧が溶質のモル濃度に比例するという次式を実験から求めた。

$$\Pi = cRT$$

ここで，Π は浸透圧，c は溶質のモル濃度，R は気体定数，T は絶対温度である。0.9 w/v％の生理食塩水を体積モル濃度に換算すると，約 $(9 \div 58.5) \times 1000$ mmol/l ≒ 154 mmol/l である。ここで注意が必要である。ファントホッフの式中の c のモル濃度は，粒子のモル濃度であるので塩化ナトリウムのように水中で完全に電離し，Na^+ と Cl^- として存在する溶液では $c = 154 \times 2 = 308$ mmol/l でありその浸透圧は 308 mOsmol/l である。すなわち，浸透圧は粒子の種類に関係なくその数に比例するのである。浸透圧を取り扱ううえで重要な性質である。この値を1章の図1.4と比べてみよう。血漿中の陽イオンと陰イオンの総濃度とほぼ同じであることがわかる。浸透圧の観点からは，血漿中の電解質と生理食塩水はほぼ同じ浸透圧なのである。

浸透圧の測定は，溶質の性質の一つである凝固点降下を利用している（図10.5）。淡水は0℃で凍るが，塩水は凍らない。水が凝固するのを溶質が邪魔するからである。これと同じことが沸点上昇としても現れる。水が気化する

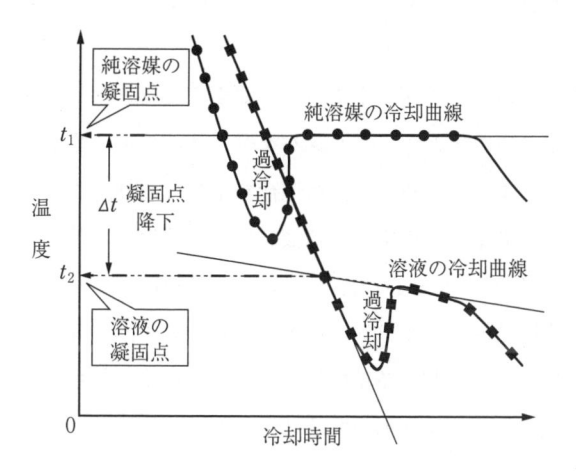

図10.5 水溶液の凝固点降下

ことを溶質が邪魔するからである。希薄溶液では，凝固点降下の程度は溶質の濃度，すなわちモル数に比例する。水のモル凝固点降下 K_m は 1.85 K·kg/mol，モル沸点上昇 K_b は 0.52 K·kg/mol で溶媒固有の値で溶質の種類には影響を受けない。浸透圧も同様であることは前述した。このように，希薄溶液の浸透圧，凝固点降下，沸点上昇は，粒子のモル数に比例し，その種類には影響されない。この溶液の性質を束一性という。例えば，質量モル濃度 150 mmol/kg の食塩水の凝固点降下は

$$(0.15 \times 2 \,\mathrm{mol/kg})(1.85 \,\mathrm{K \cdot kg/mol}) = 0.555 \,\mathrm{K}$$

純水の凝固点は 0 ℃ なので，この食塩水の凝固点は −0.555 ℃ である。

10.5 コロイド溶液

体液の組成は，水，電解質，タンパク質，脂質，糖質であることはすでに 2 章で学習した。前節までは，その中でも水と電解質からなる電解質溶液についてその成り立ちや性質を学んだが，タンパク質や脂質，糖質が含まれる場合は同じであろうか。電解質は水に水和して水溶液中で安定に存在できるが，その溶質の大きさがタンパク質やでんぷん（多糖）のように大きい場合はどうであろう。

分子が大きくなると，界面エネルギーを減少しようとして分子同士が集まりやすくなる。これを凝集という。タンパク質が体液の中で凝集しないのはなぜだろう。それは，タンパク質が表面に電荷を帯びており，たがいに反発して分散しているからである。このような溶液をコロイド溶液と呼んでいる。コロイド粒子の大きさは約 10 Å ～ 1 000 Å である（**図 10.6**）。

脂質は，高級脂肪酸とアルコールのエステルで分子内に疎水部と親水部を有する。分子量はタンパク質や多糖に比べ大きくないが，親水部を水に向け疎水部で会合し，大きなミセルを形成することで水中に安定して存在する（図 17.1 (a) 参照）。

図 10.7 はでんぷんの水溶液，電解質溶液に，レーザー光を照射した際に得られた写真である．粒子サイズの大きなコロイド粒子により，レーザー光が散乱されることがわかる．

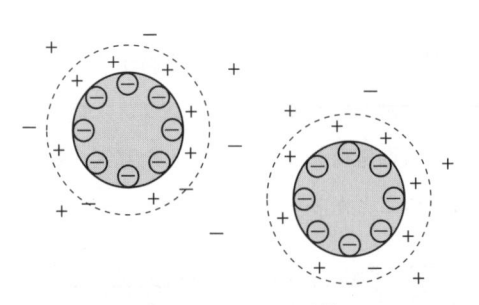

図 10.6 コロイド分散

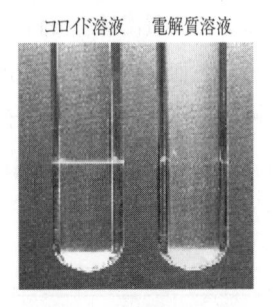

図 10.7 コロイドの性質（光の散乱）[16]

コーヒーブレイク

浸透を利用した治療法 ― 腹膜透析 ―

末期腎不全の対症療法に腹膜透析があります（図 10）。患者体液中に蓄積した老廃物や水分を除去するために，患者自身の腹膜の半透膜としての性質を利用した治療方法です。腹腔の中にブドウ糖で浸透圧を調整した透析液を入れ，患者の血液中から老廃物と水分を除去します。透析患者の血漿浸透圧は約 300 mOsmol/l であるので，透析液の浸透圧をそれより高くすることで水を除去することができるのです。市販腹膜透析液の浸透圧は 350 mOsmol/l 〜 500 mOsmol/l の範囲です。

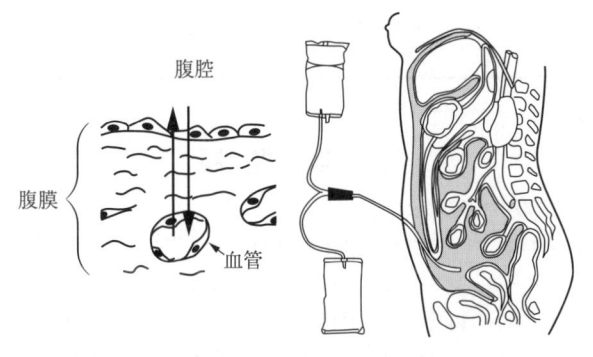

図 10 腹膜を介する浸透（左）と腹膜透析の概念図

コロイド粒子も浸透を引き起こす。低分子の粒子により生じる浸透圧を晶質浸透圧というのに対し、コロイド粒子によって生じる浸透圧を膠質浸透圧（コロイド浸透圧）という。毛細血管では、血圧で漏れ出た体液を血管内のタンパク質による膠質浸透圧で再び血管内へ戻すよう働いている。血漿タンパク質濃度が低いと血管内から漏れ出た体液を引き戻す力が弱くなり、浮腫が起こりやすくなる。このようにコロイドの性質を理解しておくと、体液バランスを考えるうえでも、またタンパク質の大きさや表面電荷の違いを利用した電気泳動やタンパク質の精製などにおいても、役立つことが多い。

まとめ

1. 溶液＝溶質＋溶媒
2. 溶媒和：溶媒中で溶質が安定に存在するために働く
3. 水和：水を溶媒としたときの溶媒和
4. 親水性：極性を有し、水分子との溶媒和が大きい
5. 疎水性：極性が弱く、水分子との溶媒和が小さい
    ただし、親水性と疎水性は相対的な指標である
6. 固体の溶解度は吸熱的
7. 気体の溶解度は発熱的
8. 浸透：半透膜を介し溶液と溶媒間で生じる
9. 浸透は粒子の種類に関わらず、その総数による
10. コロイド溶液：約 10 Å ～ 1 000 Å の粒子が分散した状態
    例として、血漿や血清などのタンパク質溶液

演習問題

10.1 つぎの物質の中で電解質はどれか。
　　（1）トルエン　　（2）塩化ナトリウム　　（3）グルコース
　　（4）エタノール　　（5）炭酸水素ナトリウム
10.2 親水性と疎水性の物質を各一つ例をあげ、その性質を説明せよ。
10.3 40℃の水 200 g には最大何 g のグルコースを溶かすことができるか。

10.4 水に対する固体の溶解度は温度とともに増加する。この現象は吸熱的か発熱的か。

10.5 水に対する気体の溶解度は温度とともに減少する。この現象は吸熱的か発熱的か。

10.6 空気中の主要な成分の中で最も水に溶解しやすいものはなにか。

10.7 臨床上,血漿浸透圧を概算するために次式が利用されている。尿素窒素とは尿素分子の中の窒素の質量である。グルコース,尿素の分子式は $C_6H_{12}O_6$,$(NH_2)_2CO$ である。

$$浸透圧 = Na 濃度 \times 2 + \frac{尿素窒素濃度}{2.8} + \frac{血糖値}{18}$$

（1）Na 濃度 140 mEq/l,グルコース濃度 90 mg/dl、尿素窒素濃度 84 mg/dl のときの浸透圧を求めよ。

（2）右辺第 1 項はなにを表すか。

（3）右辺第 2 項はなにを表すか。

（4）右辺第 3 項はなにを表すか。

（5）ファントホッフの式 $\Pi = cRT$（浸透圧の式）と上記の経験式を対応させ,この式のもつ意味を述べよ。

11 酸 と 塩 基

　生体内の恒常性維持により，血液の pH は 7.35〜7.45 という狭い範囲に保たれている。血液に限らず，体液の pH が酵素反応を司る反応場において重要な役割を果たすからである。体内の pH は呼吸や代謝により影響を受けるが，そこには緩衝作用が働いており，過度に変動しない仕組みとなっている。これらを理解するうえで，「酸と塩基」の定義，水の電離と pH の関係を整理しておくことが重要である。さらに，2 章で紹介したヘンダーソン・ハッセルバルヒ (Henderson-Hasselbalch) 式を本章で詳しく学ぶことにより，体液中の pH がなぜ二酸化炭素分圧 p_{CO_2} と重炭酸イオン濃度 $[HCO_3^-]$ で計算できるのか理解できる。

11.1 酸と塩基の定義

　酸と塩基は，生活には欠かせないものとして古くからその存在が認められていた。アレニウス（1884 年），ブレンステッド＆ローリー（1923 年），ルイス（1923 年）による酸と塩基の定義の変遷を，**表 11.1** に示す。

表 11.1　酸と塩基の定義の変遷

定　義	酸	塩　基
アレニウス (1884 年)	（水に溶けて）水素イオン H^+ を生じる物質 （例）HCl	（水に溶けて）水酸化物イオン OH^- を生じる物質 （例）NaOH
ブレンステッド＆ ローリー (1923 年)	相手に H^+ を与える分子やイオン （例）H_2O	相手から H^+ を受け取る分子やイオン （例）NH_3
ルイス (1923 年)	相手から電子対を受け取るもの （例）HCl (H^+)	相手に電子対を与えるもの （例）NH_3

　アレニウスの定義の例：$HCl + NaOH \longrightarrow NaCl + H_2O$
　ブレンステッド＆ローリーの定義の例：$H_2O + NH_3 \rightleftarrows OH^- + NH_4^+$
　ルイスの定義の例：$HCl + NH_3 \longrightarrow NH_4^+ + Cl^-$

11.2 酸度と価数

酸の化学式に含まれる水素原子 H のうち，電離して水素イオン H^+ になりやすい度合いを酸度，H^+ になることのできる水素原子の数を酸の価数という。一方，塩基の価数とは塩基の化学式に含まれる OH の数，または受け取ることのできる H^+ の数をいう。表 11.2 に価数 1～3 の強酸，弱酸，強塩基，弱塩基の例を示す。

表 11.2 酸と塩基の酸度と価数

価数	強酸	弱酸	強塩基	弱塩基
1	HCl(塩酸)	CH_3COOH(酢酸)	NaOH(水酸化ナトリウム)	NH_3(アンモニア)
2	H_2SO_4(硫酸)	H_2CO_3(炭酸)	$Ca(OH)_2$(水酸化カルシウム)	$Cu(OH)_2$(水酸化銅)
3		H_3PO_4(リン酸)		$Fe(OH)_3$(水酸化鉄)

11.3 電離度

酸や塩基が水溶液中で電離して存在する割合を電離度といい，0～1 の値をとる。強酸や強塩基は電離度が大きく，弱酸や弱塩基は小さい。

$$電離度\ \alpha = \frac{電離した電解質の物質量}{溶解した電解質の物質量}$$

(例) 強酸　　$HCl \longrightarrow H^+ + Cl^-$　　　　　　$\alpha = 1$

　　　弱酸　　$CH_3COOH \rightleftarrows H^+ + CH_3COO^-$　　$\alpha = 0.016$

　　　強塩基　$NaOH \longrightarrow Na^+ + OH^-$　　　　　$\alpha = 1$

　　　弱塩基　$NH_3 + H_2O \rightleftarrows NH_4^+ + OH^-$　　$\alpha = 7.3 \times 10^{-3}$

11.4 水の電離と pH

水はわずかに電離している。このことを下式のように表すが，ほとんどは左辺の水の状態である。

11. 酸 と 塩 基

$$H_2O \rightleftarrows H^+ + OH^-$$

純水 $1\,l$ の水の質量はほぼ $1\,000\,g$ であるので，水のモル質量 $18\,g/mol$ で割って純水のモル濃度で表すと $(1\,000\,g \div 18\,g/mol)/l =$ 約 $55.5\,mol/l$ となる。一方，右辺の電離している水素イオン濃度 [H^+] と水酸化物イオン OH^- 濃度 [OH^-] はおのおの $10^{-7}\,mol/l$ であることから，水分子の約 5.6 億分の 1 がようやく電離していることになる。この関係を表すために水の電離定数が導入された。

$$K = \frac{[H^+][OH^-]}{[H_2O]}$$

[H_2O] $\fallingdotseq 55.5\,mol/l$ はほぼ定数と考えてよいから，$K_w = K[H_2O]$ と置き換えると $K_w = [H^+][OH^-] = 10^{-14}\,mol^2/l^2$ となる。この K_w を水のイオン積と呼び，一定温度では定数である。この式の逆数に対数をとると

$$\log \frac{1}{[H^+][OH^-]} = \log \frac{1}{[H^+]} + \log \frac{1}{[OH^-]} = pH + pOH = 14$$

ここで pH と pOH の定義を次式で示すが，逆数にするのはただ単に負の値を避けるためである。

$$pH = -\log[H^+] = \log \frac{1}{[H^+]}$$

$$pOH = -\log[OH^-] = \log \frac{1}{[OH^-]}$$

$pH = 7$ のとき，$pOH = 7$ で中性である。このとき，$[H^+] = [OH^-] = 10^{-7}\,mol/l$ である。**表 11.3** に pH ($pOH = 14 - pH$) の異なるさまざまな溶液を示す。

表 11.3 水素イオン濃度，水酸化物イオン濃度と pH の関係

pH	0	1	2	3	4	5	6	7	8	9	10	11	12	13	14
[H^+] [mol/l]	10^0	10^{-1}	10^{-2}	10^{-3}	10^{-4}	10^{-5}	10^{-6}	10^{-7}	10^{-8}	10^{-9}	10^{-10}	10^{-11}	10^{-12}	10^{-13}	10^{-14}
[OH^-] [mol/l]	10^{-14}	10^{-13}	10^{-12}	10^{-11}	10^{-10}	10^{-9}	10^{-8}	10^{-7}	10^{-6}	10^{-5}	10^{-4}	10^{-3}	10^{-2}	10^{-1}	10^0
pOH	14	13	12	11	10	9	8	7	6	5	4	3	2	1	0

1 M HCl（pH 0）／胃液（pH 2）／酢（pH 3）／トマトジュース（pH 4）／唾液（pH 6）／血液（pH 7）／海水（pH 8）／アンモニア水（pH 11）／1 M NaOH（pH 14）

11.5 酸の多段電離

生体の中の陰イオンを生ずる炭酸やリン酸は多段電離する。H^+ が電離するか否かは周りにどれだけ H^+ があるか，すなわち pH によって決まる。

炭酸の電離：炭酸は 2 段電離する。

  1 段目 $H_2CO_3 \rightleftarrows H^+ + HCO_3^-$ ($pK_1 = 6.35$)

  2 段目 $HCO_3^- \rightleftarrows H^+ + CO_3^{2-}$ ($pK_2 = 10.33$)

リン酸の電離：リン酸は 3 段電離する。

  1 段目 $H_3PO_4 \rightleftarrows H^+ + H_2PO_4^-$ ($pK_1 = 2.15$)

  2 段目 $H_2PO_4^- \rightleftarrows H^+ + HPO_4^{2-}$ ($pK_2 = 6.75$)

  3 段目 $HPO_4^{2-} \rightleftarrows H^+ + PO_4^{3-}$ ($pK_3 = 12.34$)

ここで，pK 値とは電離定数の逆数の常用対数値である。例えば，炭酸の 1 段目の電離定数 K は次式のように与えられる。炭酸のモル濃度と重炭酸イオンのモル濃度が等しければその溶液の $[H^+]$ は電離定数，この場合 4.47×10^{-7} に等しくなる。すなわち，炭酸がちょうど半分電離するときの pH が pK 値である。

$$K_1 = \frac{[H^+][HCO_3^-]}{[H_2CO_3]}$$

$$pK_1 = \log \frac{1}{K_1} = \log \frac{1}{4.47 \times 10^{-7}} = 6.35$$

$$= \log \frac{[H_2CO_3]}{[H^+][HCO_3^-]} = \log \frac{1}{[H^+]} = pH$$

後述するが，生理的 pH では炭酸はおもに 1 段目，リン酸では 2 段目が緩衝系として働く。

11.6 生体における酸と塩基―緩衝系―

血液の pH はわずかにアルカリ性で，$7.35<pH<7.45$ が正常とされている。この狭い範囲に pH を維持するために体液の緩衝系が働く。1，2章で紹介したように，血液中の重炭酸イオン濃度に着目すれば，生体内では炭酸－重炭酸緩衝系が働いていることがわかる。この血液の pH を推定するのに便利な式が，ヘンダーソン・ハッセルバルヒの式で体液の重炭酸濃度と二酸化炭素ガス分圧がわかれば，pH が求められることを示している。

炭酸をはじめ，酸はプロトン供与体（H^+ を与える）であるので，酸の電離は次式で表される。

$$HA + H_2O \rightleftharpoons H_3O^+ + A^- \quad または水を省略し，HA \rightleftharpoons H^+ + A^-$$

酸の電離定数は水の電離定数と同様，化学平衡の法則に基づき

$$K=\frac{[H^+][A^-]}{[HA][H_2O]} \quad [H_2O]を定数とすると，\quad K_a=\frac{[H^+][A^-]}{[HA]}$$

$$-\log[H^+] = -\log K_a - \log \frac{[HA]}{[A^-]}$$

$$pH = pK_a + \log \frac{[A^-]}{[HA]}$$

が得られる。これがヘンダーソン・ハッセルバルヒの式である。

生体内では炭酸脱水酵素により $CO_2 + H_2O \rightleftharpoons H_2CO_3$ の反応が速やかに進む。11.5節で示したように炭酸は生理的条件（中性）で1段目の電離をする（$H_2CO_3 \rightleftharpoons H^+ + HCO_3^-$）ので，この炭酸の1段目の電離定数を K_1 とすると

$$K_1=\frac{[H^+][HCO_3^-]}{[H_2CO_3]} \quad なので \quad \frac{1}{[H^+]}=\frac{1}{K_1}\frac{[HCO_3^-]}{[H_2CO_3]}$$

$$pH = pK_1 + \log \frac{[HCO_3^-]}{[H_2CO_3]} = pK_1 + \log \frac{[HCO_3^-]}{a[CO_2]} = 6.1 + \log \frac{[HCO_3^-]}{0.03\, p_{CO_2}}$$

炭酸の1段目の電離定数 $K_{1,25℃} = 4.47 \times 10^{-7}$ より $pK_{1,25℃} = 6.35$（$pK_{1,37℃} = 6.10$）である。血液中の H_2CO_3 を直接測るより，血液ガス分析装置で二酸化炭素分圧を測る方が簡便である。換算係数 0.03 mmol/mmHg を用いれば，血液の pH が重炭酸イオン濃度［HCO_3^-］と二酸化炭素分圧 p_{CO_2} の両測定値より計算できる。

（例）重炭酸イオン濃度［HCO_3^-］$= 24$ mEq/l, 二酸化炭素分圧 $p_{CO_2} = 40$ mmHg の血液の pH

$$pH = 6.1 + \log \frac{24}{1.2} = 7.4$$

pH の値に直接影響するのは，重炭酸イオン濃度と炭酸（または二酸化炭素分圧）濃度の比である。常用対数の関数であるので，pH が±1変化するには濃度比として10倍または10分の1変化しなくてはならない。ここに，緩衝作用の重要性がある（**図 11.1**）。

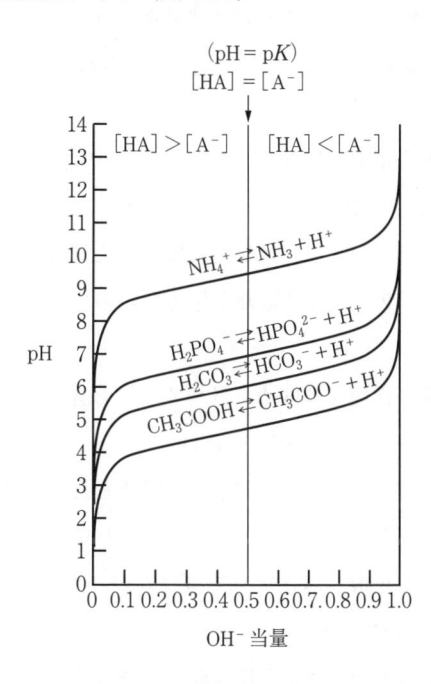

図 11.1 弱酸の緩衝作用

11.7 塩の種類と加水分解

酸から生じる陰イオンと塩基から生じる陽イオンからイオン結合でできる物質を，塩という。酸と塩基の組合せにより，大きく分けると，正塩，酸性塩，塩基性塩の3種類の塩ができる（**表11.4**）。

表11.4 塩の分類とその定義

分類	組成	例
正塩	酸のHも塩基のOHももっていない	Na_2CO_3, $NaCl$, NH_4Cl
酸性塩	酸のHが残っている	$NaHCO_3$, NaH_2PO_4, Na_2HPO_4
塩基性塩	塩基のOHが残っている	$MgCl(OH)$

炭酸水素ナトリウム（酸性塩）の水溶液は塩基性，塩化アンモニウム（正塩）の水溶液は酸性を示すように，名前は塩の組成からつけられたもので，性質は示していない。塩の水溶液の性質はどのように決まるのであろう。

正塩を作る組合せは，(1) 強酸+強塩基，(2) 弱酸+強塩基，(3) 強酸+弱塩基である。

(1)（強酸+強塩基）からできる正塩：塩化ナトリウム　　中性

　　（例）$HCl + NaOH \longrightarrow NaCl + H_2O$

　　　　NaClを加水分解するとNa^+とCl^-は完全に電離したままなので

　　　　$H_2O \rightleftarrows H^+ + OH^-$ バランスには影響を与えないので

　　　　$[H^+] = [OH^-]$

(2)（弱酸+強塩基）からできる正塩：酢酸ナトリウム　　塩基性

　　（例）$CH_3COOH + NaOH \longrightarrow CH_3COONa + H_2O$

　　　　CH_3COONaを加水分解するとNa^+は完全に電離したままだが，酢酸イオンはH^+と一部結合するので　　$[H^+] < [OH^-]$

(3)（強酸+弱塩基）からできる正塩：塩化アンモニウム　　酸性

　　（例）$HCl + NH_4OH \longrightarrow NH_4Cl + H_2O$

　　　　NH_4Clを加水分解するとCl^-は完全に電離したままだが，アンモ

11.7 塩の種類と加水分解

ニウムイオンはOH^-と一部結合するので　　$[H^+]>[OH^-]$

酸性塩を作る組合せは，(4) 強酸＋強塩基，(5) 弱酸＋強塩基である。

(4) (強酸＋強塩基) からできる酸性塩：硫酸水素ナトリウム　　酸性

（例）$H_2SO_4 + NaOH \longrightarrow NaHSO_4 + H_2O$

コーヒーブレイク

酵素にはいちばん好きな pH（至適 pH）がある

　生体内のさまざまな反応は，3 000 種以上の酵素によって行われています。生体内はほぼ 37 ℃ですが，その環境で反応速度が $10^6 \sim 10^{14}$ も促進されるのです。多くの生体内酵素の活性は pH 5〜9 の間ですが，胃の中で働くペプシンのように酸性で至適 pH を示すものもあります（図 11）。酵素の特異性や pH 依存性は，基質が結合し結合が切断される活性点周囲のアミノ酸配列によって決まります。この部位の多くは pH の影響を受けやすいアミノ酸であることが多いことに注目してください（17 章参照）。

　図 12 は，ウシトリプシンの中のセリン，アスパラギン酸，ヒスチジンという，極性側鎖をもつアミノ酸の特異的ポケットに基質が結合しているモデルを示しています。

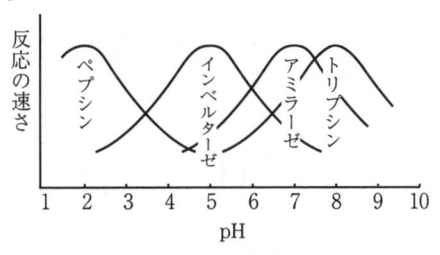

図 11　酵素反応速度と pH

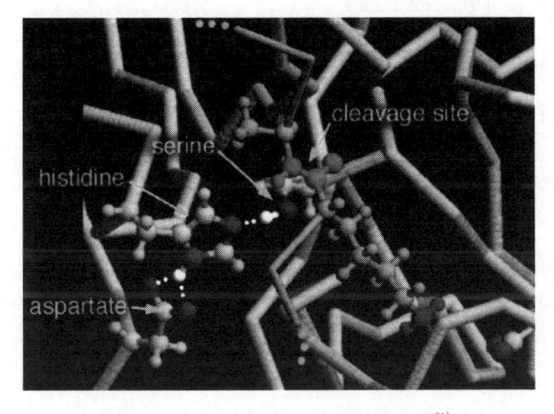

図 12　トリプシンによる基質の分解[21]

NaHSO₄ を加水分解すると Na^+ と HSO_4^- に電離し，HSO_4^- はさらに H^+ と SO_4^{2-} に電離するので　　$[H^+]>[OH^-]$

（5）（弱酸＋強塩基）からできる酸性塩：炭酸水素ナトリウム　　塩基性

（例）$H_2CO_3 + NaOH \longrightarrow NaHCO_3 + H_2O$

$NaHCO_3$ を加水分解すると Na^+ と HCO_3^- に電離するが，HCO_3^- は一部 H^+ と結合するので　　$[H^+]<[OH^-]$

―――― ま と め ――――

1. 酸：プロトンの供与体で，電子対の受容体
2. 塩基：プロトンの受容体で，電子対の供与体
3. 酸の価数：プロトンを供与できる化学式中のHの数
4. 塩基の価数：化学式中に含まれるOHの数，または受け取ることのできる H^+ の数
5. 電離度：酸や塩基が水溶液中で電離して存在する割合
6. 炭酸やリン酸は多段解離する
7. pH：

$$pH = -\log[H^+] = \log \frac{1}{[H^+]}$$

8. 血液のpHの正常値：7.35～7.45
9. 血液のpHの式（ヘンダーソン・ハッセルバルヒ式）：

$$pH = pK + \log \frac{[HCO_3^-]}{[H_2CO_3]} = pK + \log \frac{[HCO_3^-]}{a[CO_2]} = 6.1 + \log \frac{[HCO_3^-]}{0.03\, p_{CO_2}}$$

10. 生体の緩衝系：

　　炭酸 ⇌ 重炭酸
　　リン酸2水素 ⇌ リン酸1水素

11. 塩：酸から生じる陰イオンと塩基から生じる陽イオンからなるイオン結合の物質

　　　正塩，酸性塩，塩基性塩

12. 塩の加水分解によりできる溶液のpHは酸と塩基の強度の組合せで異なる

演 習 問 題

11.1 pHの定義式を水素イオン濃度 $[H^+]$ を用いて示せ。

11.2 アンモニアが塩基であることを，プロトンの授受および電子対の授受によって説明せよ。

11.3 25℃における $0.0010\ \text{mol}/l$ の酢酸水溶液のpHを求めよ。ただし，酢酸の電離度 $\alpha = 0.016$ とする。

11.4 25℃における $0.00010\ \text{mol}/l$ の水酸化ナトリウム水溶液および塩酸のpHを求めよ。ただし両者の電離度 $\alpha = 1.0$ とする。

11.5 炭酸 H_2CO_3 は弱酸であり水溶液中での電離度は小さいが，2価の酸として2個の H^+ を生じることができる。以下の問に答えよ。
（1）このことを電離平衡の式を用いて説明せよ。
（2）炭酸の構造式を書け。

11.6 つぎの塩の水溶液は，酸性，中性，塩基性のどれか。
（1）塩化ナトリウム　（2）酢酸ナトリウム　（3）塩化アンモニウム
（4）硫酸水素ナトリウム　（5）炭酸水素ナトリウム

11.7 重炭酸イオン濃度 $[HCO_3^-] = 18\ \text{mEq}/l$，二酸化炭素分圧 $p_{CO_2} = 40\ \text{mmHg}$ の血液（37℃）のpHを求めよ。

11.8 重炭酸イオン濃度 $[HCO_3^-] = 24\ \text{mEq}/l$，二酸化炭素分圧 $p_{CO_2} = 30\ \text{mmHg}$ の血液（37℃）のpHを求めよ。

12 酸化と還元

　光合成植物が繁殖し地球上に酸素が豊富に存在するようになると、酸素を利用する有酸素呼吸が生体のシステムに取り込まれ、好気性生物が誕生した。より効率的にエネルギーを産生するための進化だが、同時に酸素による酸化から身を守る巧みな機構が必要となった。それでは酸化とはいったいどういう現象なのであろう。金属が腐食したり、衣服を漂白したりすることも日常的にみられる酸化や還元の例であるが、体の中で起こる酸化還元反応と同じなのか。本章では酸化と還元を電子の授受というより普遍的な現象で捉え、理解することを目的とする。

12.1　酸化と還元の定義

　銅を空気中で熱すると、銅と酸素が結合して黒色の酸化銅 CuO になる（図

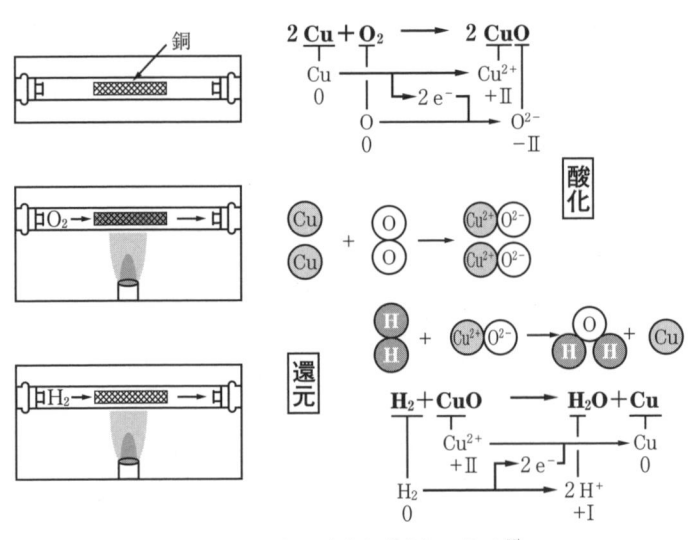

図 12.1　銅の酸化と酸化銅の還元 [22]

12.1)。酸化銅は銅の酸化物であり,銅は酸化されたという。銅は電子2個を失い銅イオンとなり,酸素は電子を2個獲得し酸素イオンとなり,両イオン間でイオン結合を作る。酸化とは電子を失うことにほかならない。

一方,熱した酸化銅に水素を通すと酸素を失い,元の銅の光沢が戻る(図12.1)。酸化銅は還元されたという。銅イオンは2個の電子を獲得し,水素は電子を2個失う。還元とは電子を獲得することにほかならない。

電子を失うことが酸化で電子を獲得するのが還元であるのなら,銅が酸化されたとき酸素は電子を獲得したのだから還元されたことになる。酸化銅が還元されたとき,水素は電子を奪われるので酸化されたことになる。このように,酸化と還元,すなわち電子の授受は同時に起こり,これを酸化還元反応という。

12.2 酸 化 数

酸化と還元の状態を調べる一般的基準が酸化数である。酸化数は電子の授受に基づくもので,**表12.1**に示すように,すぐに決まる酸化数と計算で求める酸化数に分けられる。イオンの価数と区別できるようローマ数字 I, II, III,…を用いる。

表12.1 酸化数の決め方

すぐに決まる酸化数:	計算で決める酸化数:
単体中の原子 = 0 (例:O_2, Cu)	化合物の成分原子の酸化数の総和は0
単原子イオン = イオンの価数	(例)CO_2 Cの酸化数 + (−II)×2 = 0
(例:Cu^{2+}の酸化数 = +II)	Cの酸化数 = +IV
化合物中のH = +I	多原子イオンの価数と,成分原子の酸化数の総
(例外:金属水素化物の酸化数 = −I)	和は等しい。
化合物中のO = −II	(例)MnO_4^- Mnの酸化数 + (−II)×4 = −I
(例外:過酸化物の酸化数 = −I)	Mnの酸化数 = +VII

図12.1の銅の酸化において,単体の銅の酸化数は0,酸化銅の銅イオンの酸化数は+IIと増加するので,酸化では酸化数が増加する。このとき,単体の酸素の酸化数は0,酸化銅の酸素イオンは−IIと減少するので,還元では酸化

数が減少する。酸化銅の還元において銅イオンの酸化数 +Ⅱ は減少し，単体の銅 Cu の酸化数 0 となる。一方，単体の水素は 0 から水の水素の酸化数 +Ⅰ に増加しており酸化されている。酸化数の増減からも，酸化と還元が同時に起こることが確認できたわけである。

12.3 酸化剤と還元剤

酸化と還元が電子の授受を表し，酸化数が酸化と還元の状態すなわち電子の過不足を表す便利な数であることがわかった。電子を奪いやすい物質は酸化剤と呼ばれ，自らは還元されやすい。その逆で，電子を与えやすい物質は還元剤と呼ばれ，自らは酸化されやすい。

表 12.2 に一般的な酸化剤と還元剤，表 12.3 に生体や医療における酸化剤や還元剤の例をあげる。多くの病原（体）微生物は酸化に対し抵抗性が低いので，経験に基づいた酸化剤の使用が古くから行われていた。

酸化剤，還元剤の強さは，酸化数を調べれば判定できる。病院の消毒剤として広く用いられている次亜塩素酸ナトリウム NaClO を例に考えてみよう。次亜塩素酸イオン ClO^- の塩素原子の酸化数は +Ⅰ である。亜塩素酸イオン ClO_2^- は +Ⅲ，塩素酸イオン ClO_3^- は +Ⅴ，過塩素酸イオン ClO_4^- は +Ⅶ である。過塩素酸が最も酸化力が大きい。

表 12.2 一般的な酸化剤と還元剤の例

酸化剤（電子を奪う）	
オゾン O_3	$O_3 + 2H^+ + 2e^- \longrightarrow O_2 + H_2O$
過マンガン酸カリウム $KMnO_4$	$MnO_4^- + 8H^+ + 5e^- \longrightarrow Mn^{2+} + 4H_2O$
ハロゲン Cl_2, Br_2, I_2	$Cl_2 + 2e^- \longrightarrow 2Cl^-$
還元剤（電子を与える）	
金属 Na, Mg, Al 等	$Na \longrightarrow Na^+ + e^-$
硫化水素 H_2S	$H_2S \longrightarrow S + 2H^+ + 2e^-$
硫酸鉄（Ⅱ）$FeSO_4$	$Fe^{2+} \longrightarrow Fe^{3+} + e^-$

12.4 酸化還元反応

表 12.3 生体や医療における酸化剤や還元剤の例

		用途	備考
酸化剤			
次亜塩素酸塩	$ClO^- + H_2O + 2e^- \longrightarrow Cl^- + 2OH^-$	殺菌消毒, 漂白	さらし粉
過酸化水素水	$H_2O_2 + 2H^+ + 2e^- \longrightarrow 2H_2O$	消毒	オキシドール
ヨウ素	$I_2 + 2e^- \longrightarrow 2I^-$	殺菌（穏やか）	ヨードチンキ
酸化型グルタチオン	$GSSG + 2H^+ + 2e^- \longrightarrow 2GSH$		酸化型グルタチオンの再生
還元剤			
アスコルビン酸	（アスコルビン酸 ⇌ モノデヒドロアスコルビン酸 ⇌ デヒドロアスコルビン酸の反応図, NADPH, グルタチオンGSH 関与）		
還元型グルタチオン	$2GSH \longrightarrow GSSG + 2H^+ + 2e^-$	活性酸素消去作用	
ポルフィリン鉄	還元型ヘモグロビン $\longrightarrow$ 酸化型ヘモグロビン $Fe^{2+} \longrightarrow Fe^{3+} + e^-$		

12.4 酸化還元反応

酸化還元反応は電子の授受であるので同時に起こり、生体の中では200種以上の酸化還元酵素によってその反応が行われる。代表的な酸化還元酵素には、酸化酵素, 脱水素酵素, 還元酵素がある。

1) 酸化酵素：水素の受容体として酸素を利用する酵素

　　（アスコルビン酸酸化酵素, シトクロム酸化酵素, ポリフェノール酸

化酵素）

$$AH_2 + \frac{1}{2}O_2 \longrightarrow A + H_2O$$

ビタミンCとして知られるアスコルビン酸をデヒドロアスコルビン酸に酸化する；アスコルビン酸 AH_2 は酸化されるので還元剤

2) 脱水素酵素：水素の受容体として酸素以外を利用する酵素
   （アルコールデヒドロゲナーゼ，補酵素）

$$C_2H_5OH + NAD^+ \longrightarrow CH_3CHO + NADH + H^+$$

エチルアルコールを酸化してアセトアルデヒドにする

3) 還元酵素：水素の供与体として働く酵素，酸素の受容体として働く酵素
   （カタラーゼ）

$$2H_2O_2 \longrightarrow 2H_2O + O_2$$

傷口周囲のカタラーゼがオキシドールを分解し，酸素を発生させ，その酸素の殺菌力で傷口を消毒する

図 12.2 は，生体内で起こる重要な酸化還元反応を示している。還元型グル

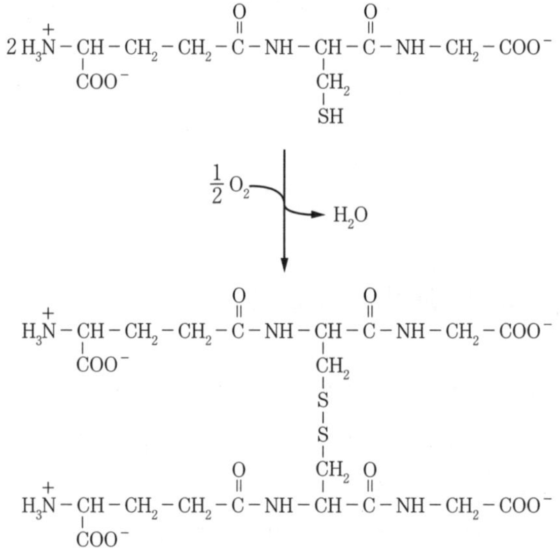

$$2\ H_3\overset{+}{N}-CH-CH_2-CH_2-\underset{O}{\overset{O}{\|}}C-NH-CH-\underset{O}{\overset{O}{\|}}C-NH-CH_2-COO^- \quad \text{還元型グルタチオン (GSH)}$$
$$\quad\ \ |\qquad\qquad\qquad\qquad\qquad\qquad\ \ |$$
$$\ COO^-\qquad\qquad\qquad\qquad\ \ CH_2$$
$$\qquad\qquad\qquad\qquad\qquad\qquad\ \ SH$$

$\frac{1}{2}O_2 \longrightarrow H_2O$

酸化型グルタチオン（GSSG）

図 12.2 グルタチオンの酸化と還元

タチオン (GSH) は3種のアミノ酸 (17章参照) が結合したペプチド分子で，酸化作用のある物質が細胞に傷害を与えないように，自らが酸化され酸化ストレスを消去するスカベンジャー分子である。システインの側鎖のチオール基 (-SH基) の水素が酸素に引き抜かれるので酸化され，残った-S・が-S:S-

コーヒーブレイク

暴れ者"酸素分子"の秘密

酸素分子はなぜ，電子を受け取りやすい（すなわち，酸化力が強い）のでしょう。酸素原子の電子配置は $1s^2 2s^2 2p^4$ で，最外殻に6個の電子があります。この酸素原子の電子雲が重なり，分子を形成しているときの電子の配置を図13に示します。エネルギーの低い1sより各軌道にスピンが反対向きの電子が2個ずつ入り，いちばんエネルギーの高い軌道では，スピンが同じ向きの電子が1個ずつ別々の軌道に入って不対電子となっています。これを三重項酸素といい通常，酸素といえばこの三重項酸素を指します。不安定な不対電子が二つあるビラジカルですが，例外的に安定で酸化力も比較的緩やかなので，生体が利用できるようになったようです。特殊な条件下で三重項酸素がエネルギーを受け取ると，スピンが逆向きの一重項酸素が生じます。非常に不安定で酸化力も大きい活性酸素種です。

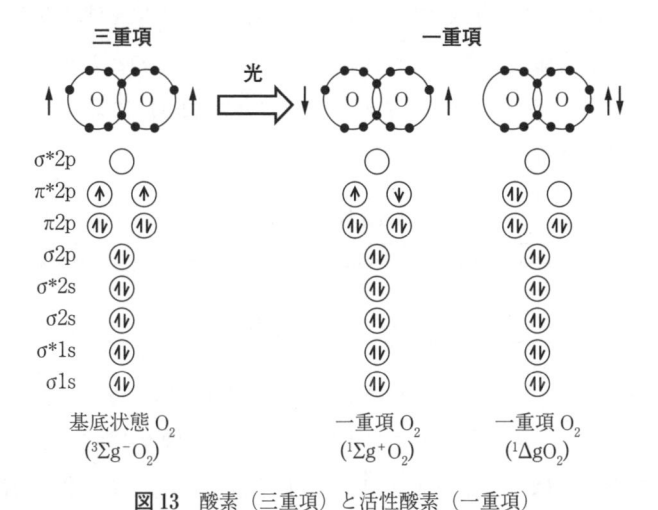

図13 酸素（三重項）と活性酸素（一重項）

結合（ジスルフィド結合）で二分子結合した酸化型グルタチオン (GSSG) となる。GSSG は還元作用のある物質（H 供与体）により再生（還元）され，新たな酸化攻撃に備える。グルタチオンリダクターゼが還元反応を司る。

12.5 金属のイオン化傾向と腐食

金属材料は加工しやすく強度も強いので，医療現場ではさまざまな種類の金属材料が使用されている。しかし，その特有の性質の一つに腐食を受けやすいことがあり，防食は重要な課題である。腐食には乾腐食と湿腐食がある。乾腐食は金属と気体の接触により起こるもので，酸化，窒化，硫化が挙げられる。

酸化　金属が電子を奪われ陽イオンとなり，酸素陰イオンと結合して金属酸
　　　　物になる過程（例　酸化銅　CuO，酸化亜鉛　ZnO）

窒化　窒素とそれより電気陰性度の小さい元素と化合物になる過程
　　　　（例　窒化アルミ AlN）

硫化　硫黄とそれより電気陰性度の小さい元素と化合物になる過程
　　　　（例　硫化鉄　FeS）

湿腐食は金属と液体の接触により起こり，電気化学現象を伴う腐食（電解腐食）であり医療関係ではほとんどが湿腐食に関連したものと考えてよい。腐食過程は金属の基本的性質であるイオン化傾向（**表 12.4**）によりいくつかのグループに分けられる。

表 12.4　金属のイオン化傾向

Li>K>Ba>Sr>Ca>Na>Mg>Ti>Al>Mn>Zn>Cr>Fe>Cd>Co>Ni>Mo>Sn>Pb>(H_2)>Cu>Hg>Ag>Pd>Pt>Au

水素置換型腐食　水素よりイオン化傾向の大きな金属の腐食

酸化型腐食　　　水素よりイオン化傾向の小さな金属の腐食

水素置換型腐食は，水素イオン H^+ を含む溶液中（水，食塩水，血液など）において H^+ よりもイオンになりやすい（イオン化傾向の高い）金属がイオン

化し，H$^+$と置き換わる腐食のことである。生体と腐食との関係は，腐食による溶出金属イオンの毒性，アレルギー性などの急性毒性，発ガン性の原因となることや，組織沈着により慢性毒性を誘発する要因となることである。

イオン化傾向がH$^+$より高い金属が，すべて水素置換型の腐食を受けるかというと例外もあり，酸化被膜に覆われ水溶液との間に隔壁をもつ不動態になりやすい金属（**表12.5**）は腐食の進行が極めて遅くなる。したがって，イオン化傾向の高い金属でも不動態となりやすい金属と合金を作ることにより，耐腐食性を得ることができる。しかし，Cl$^-$など酸化被膜（不動態）を透過しやすいものを多く含む環境下での使用は，注意を要する。

表12.5 金属の不動態へのなりやすさ

Si, Ta, Zr, Ti, Cr, Sn, Co, Ni, Fe, Al, Pb
← 不動態になりやすい

イオン化傾向がH$^+$より小さな貴金属の腐食は，酸化された後，酸化物が溶液中に溶解することによって進行するが（酸化型腐食），一般的にその速度は遅い。

まとめ

1. 酸化：酸素の結合，水素の脱離、電子の放出
2. 還元：酸素の脱離，水素の結合、電子の獲得
3. 酸化還元反応：電子の授受は同時に起こるので酸化還元反応は同時進行
4. 酸化数：単体の原子 0，化合物の水素 +I，化合物の酸素 −II
5. 酸化剤：電子を奪う働き
   （例）ハロゲンガス，酸化型グルタチオン
6. 還元剤：電子を与える働き
   （例）金属，カタラーゼ，還元型グルタチオン
7. 生体の中の酸化還元反応：酸化還元酵素が基質の酸化還元反応を司る

> 8. 金属のイオン化傾向
>   Li＞K＞Ba＞Sr＞Ca＞Na＞Mg＞Ti＞Al＞Mn＞Zn＞Cr＞Fe＞
>   Cd＞Co＞Ni＞Mo＞Sn＞Pb
>   ＞(H_2)＞
>   Cu＞Hg＞Ag＞Pd＞Pt＞Au
> 9. 金属の酸化被膜のできやすさ
>   Si＞Ta＞Zr＞Ti＞Cr＞Sn＞Co＞Ni＞Fe＞Al＞Pb
> 10. 腐食には乾腐食と湿腐食があるが，医療では湿腐食がほとんどである

演 習 問 題

12.1 単体の Cu が酸素と結合する化学反応式を記せ。

12.2 該当する酸化数はいくつか。

（1） 単体中の原子　（2） 2価の銅イオン Cu^{2+}　（3） 化合物中の水素 H（金属の水素化物を除く）　（4） NaH 中の水素 H　（5） 化合物中の酸素 O（過酸化水素を除く）　（6） H_2O_2 中の酸素 O　（7） CO_2 中の炭素 C　（8） MnO_4^- 中のマンガン Mn　（9） $K_2Cr_2O_7$ 中のクロム Cr　（10） $HClO_4$ 中の塩素 Cl

12.3 つぎの問に答えよ。

（1） 過酸化水素は重クロム酸カリウム溶液中で酸化剤として働くか，それとも還元剤として働くか。

（2） 過酸化水素はヨウ素溶液中で酸化剤として働くか，それとも還元剤として働くか。

12.4 つぎの金属をイオン化傾向の大きい順に並べよ。

Co Zn Mg Pt Cu Fe Ni Au Na Ti Sn Ag K Pb Al Hg Ca (H)

12.5 つぎの化学式の下線をつけた原子の酸化数を求めよ。

（1） K$\underline{Mn}$O$_4$　（2） $\underline{Mn}$O$_2$　（3） $\underline{H}_2$O$_2$　（4） Na$\underline{H}$　（5） H$\underline{Cl}$O$_4$

12.6 過酸化水素は，水溶液中で酸化剤にも還元剤にもなり得る。$KMnO_4$，KI と共存するときの水溶液中での反応式を電子の授受を含め記せ。

第3部 有機化学

13 有機化学の基本

　われわれの体は60兆個にも及ぶ細胞から構成されている。1章で学んだように，細胞が集まって組織を形成し，組織が組み合わされて腎臓や肺などいろいろな機能を担う器官が構成されているわけである。では，体の基本単位である細胞はどのような物質からつくられているのであろうか。それらは有機化合物と呼ばれる。この第3部では，体を構成している物質－有機化合物－について学習する。

13.1 炭　素―生命のもと―

　有機化合物は炭素を基本骨格とする化合物である。19世紀の初めまでは，生命体がつくり出す化学物質，つまり有機体の化合物として定義されていたが，有機化合物を人工的に合成することが可能となり，現在の定義となった。ただし慣例として，一酸化炭素，二酸化炭素と各種の炭酸塩は無機化合物に分類されている。

　では，地球に誕生した生命体は，その構成物質としてなぜ炭素化合物を利用したのであろうか。7章で学んだように，炭素原子は四つの共有結合を形成する。炭素同士を結合させれば，どんどん大きな分子とすることが可能であり，直鎖構造，分岐構造，環状構造を形成することができる。このような炭素骨格に官能基と呼ばれる他の原子団を結合させることにより，多種多様な分子が形成される。すべての元素の中で，炭素だけがメタンCH_4のような炭素原子一つを含む物質から1億個以上の炭素を含むDNAのような物質まで，膨大な種

類の化合物をつくることができる。その多様性が生命体に利用された理由と考えられている。

13.2 有機化合物の基本的性質と構造

現在知られている有機化合物は，1 300万種を超えているといわれている。昔の有機化学の勉強法は，たくさんの有機化合物を覚えることに努力が払われていた感が強い。しかし，これだけ膨大な化合物を記憶することは労力ばかりが多すぎるし，また，実際的には無意味ともいえる。なぜならば，必要に応じて化合物の情報を取得することが容易であるからである。

医療系の学生が有機化学を学ぶにあたって重要なのは，有機化合物の一貫性をもった原理を理解することである。また，医療系学生にとって最も重要と考えられる有機化合物を理解することである。本書は，その観点から解説している。本章では，まず有機化合物の基本的性質と構造の表記法について述べる。有機化合物の基本的性質は**表13.1**にまとめることができる。

表13.1 有機化合物の基本的性質

---
1) 炭素は正四面体構造の中心にあって，各頂点に向かって4本の単結合をつくっている。また，炭素同士が結合して，直鎖構造，分岐構造，環状構造をつくることができる。
2) 炭素-炭素間に，強い結合と弱い結合を組み合わせてできる二重結合や三重結合のような不飽和結合をつくることができる。また，ベンゼンのような不飽和結合の環状構造をつくることができる。
3) 炭素-炭素単結合の間に，窒素，酸素などの異なった原子（ヘテロ原子）を挿入することができる。
4) 炭素とヘテロ原子の間に，不飽和結合をつくることができる。
5) 化学的性質は，炭素骨格に結合した官能基と呼ばれる原子集団に基づいている。
6) 原子の組成が同じでも異なった化合物がある。

13.2.1 炭素の基本構造は正四面体

炭素原子は6個の電子をもち，K殻のs軌道に2個，L殻の軌道に4個入る。L殻では，s軌道に2個，p軌道に2個入る。

13.2 有機化合物の基本的性質と構造

炭素原子の電子配置 C： | 1s ↑↓ | 2s ↑↓ | 2p ↑ | ↑ | |

エネルギー的に最も安定なネオンの電子配位となるためには，電子が4個足りない。そのため他原子と結合して安定な構造となる。原子の結合の様式は，イオン結合，金属結合と共有結合であるが，炭素の場合，イオン結合や金属結合を形成することはエネルギー的に無理がある。なぜならば，ネオンの構造となるためには電子が4個余分に必要となり，ヘリウムの構造となるためには電子4個を出さなければならない。それでは原子核の正電荷と大きく異なっているため，安定な状態をつくることができない。そのため炭素原子は，共有結合によって他原子と安定な結合を形成する。

共有結合は，それぞれの原子が電子を1個ずつ提供することにより形成される。炭素原子が不足している4個の電子を受けるには，自らも4個の電子を提供することが必要となる。そのため2s軌道の電子を1個2p軌道に励起し，4個の電子を受け入れる状態となる（**図13.1**）。励起にはエネルギーが必要であるが，他原子との共有結合が形成されると十分におつりがもらえることになる。

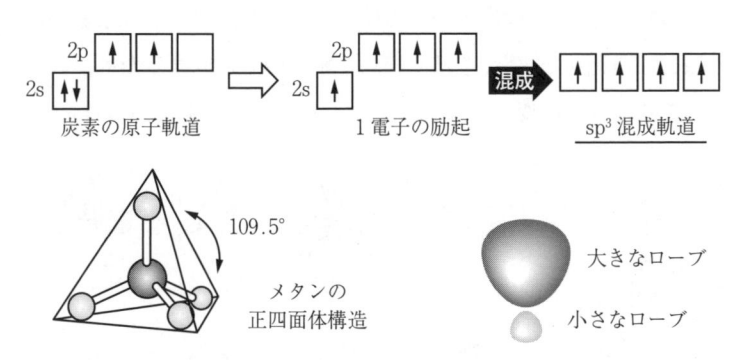

図 13.1 炭素原子の混成軌道とメタンの構造[23)]

このことを，最も簡単な水素原子4個と炭素が結合したメタンを例に具体的に考えてみよう。2s軌道の一つの電子が2p軌道に励起しただけの状態では，2s軌道に一つの水素，他の三つの水素を2p軌道の炭素電子と共有することに

なる。2s軌道と2p軌道ではエネルギーが異なっているので、同じ水素が異なったエネルギー状態で結合することになる。また、2p軌道に結合した水素同士の距離と2s軌道に結合した水素との距離は異なってしまい、何かおかしいことになる。実際のメタンでは4個の水素はたがいに等距離にあり、炭素との結合距離も同じである。その構造は、正四面体の中心に炭素があり、その頂点に水素が結合した形となっている。

なぜそのようなことが可能なのであろうか。その理由は、波は足し合わして新たな波の形をつくることができるという、電子のもつ波の性質に基づいている。2s軌道という波と三つの2p軌道という波が足し合わされて、四つの等価な軌道が新たに形成されるわけである。これをsp^3混成軌道と呼ぶ。その構造は、正四面体の中心に炭素があり頂点方向に軌道が伸びた、いわばテトラポットのような形となっている。

13.2.2 炭素-炭素の結合

(a) **回転ができる結合：σ結合** つぎに炭素が2個つながった分子を考えよう。最も簡単な分子は、メタンが2個つながったエタンである。四つのsp^3混成軌道のうち、一つは炭素同士の結合に使われ、残りには水素が結合する。sp^3混成軌道同士の結びつきは直線的な結合軸を形成するため、回転しても軌道の重なりの状態は変化しない。そのため、その炭素-炭素の結合では回

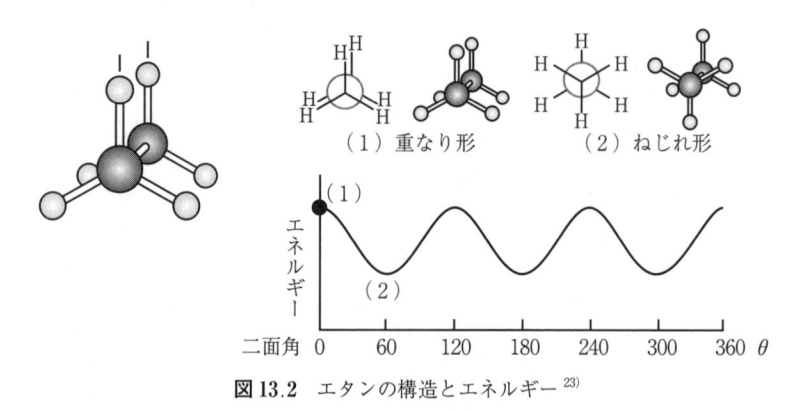

図 13.2 エタンの構造とエネルギー [23)]

13.2 有機化合物の基本的性質と構造

転が可能である。これを σ 結合と呼ぶ。ただし，水素同士の位置関係から，エネルギーに差が生じる。

図 13.2 のように，水素同士が最も離れた構造が，エネルギーが最も低い。炭素はさらに結合し，大きな分子を形成することができる。炭素が三つ以上になると，炭素同士が環状につながった構造体も形成でき，炭素が四つ以上になると，分岐構造も形成できる。これらについては，14 章の炭化水素で詳しく述べる。

（b）回転ができない結合：Π結合　炭素同士の結合では，共有結合を二重につくることもできこれを二重結合という。二重結合をもつ最も簡単な分子はエチレンである。二重結合に関与するそれぞれの軌道の形は異なっている。

図 13.3 に示したように，一つの結合は sp^2 混成軌道であり，他の一つは 2p 軌道である。sp^2 混成軌道は，2s 軌道と 2 個の 2p 軌道が混ざり合い，等価な三つの軌道を形成したものである。混成軌道をつくる二つの 2p 軌道は平面上にあり，2s 軌道は球状であるため，その混成軌道である sp^2 軌道も平面上に広がった軌道となる。三つ sp^2 混成軌道の二つには水素が結合し，残りの一つが炭素との結合に使われる。もう一つの炭素同士の結合には，混成軌道に加わらなかった p 軌道が使われる。p 軌道同士が縦方向に重なることによって形成される。これを π 結合と呼ぶ。二重結合が二つの結合，すなわち σ 結合と π 結合

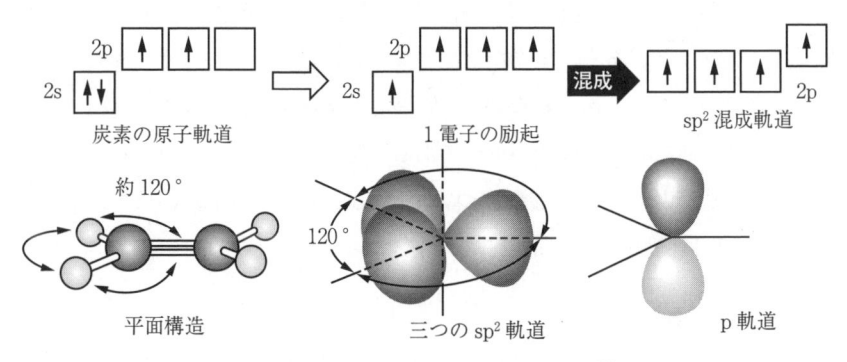

図 13.3　sp^2 混成軌道とエチレンの構造[23]

でできていることは，有機化合物の構造や反応を理解するうえで重要である。

構造に関していえば，π結合は回転できない。なぜならば，π結合は2p軌道同士の縦方向の重なり合いであり，いわば線が並列した形である。そのため回転すると重なりが外れてしまうため，π結合は回転できない構造である。π結合が回転できないことは，後述する異性体やタンパク質の構造など，有機化合物の構造において非常に重要である。なお，タンパク質の構造については，17.3節のタンパク質の項で詳細に述べる。

反応に関しては，14.4節のアルケンの項で述べるが，π結合は付加反応を生じて新たな化合物を形成する。また，π結合は炭素が環状構造を形成した場合にも重要な結合様式である。代表的な化合物はベンゼンであり，14.5節の芳香族炭化水素で詳しく述べる。

炭素-炭素間で三重の結合も可能である。最も簡単な化合物はアセチレンである。その三重結合の一つはσ結合であり，二つはπ結合である。この場合，2s軌道と2p軌道一つから二つのsp混成軌道が形成され，σ結合を形成する。残りの二つは，p軌道同士による直交する二つのπ結合となる。なお，二重結合，三重結合を総称して不飽和結合という。

13.2.3 ヘテロ原子の挿入

ヘテロとは"異なった"を意味するギリシャ語に由来する。有機化合物におけるヘテロ原子とは炭素と水素以外の原子を意味し，酸素，窒素，リン，硫黄，ハロゲンなどがある。塩素などのハロゲンは結合を一つしかつくらないため，炭素についた形しかとれない。2個以上の結合が可能な原子では，炭素と炭素の結合の間に入った構造が可能である。特に酸素と窒素では，いろいろな化合物が形成されている。酸素については15.1節のエーテルの項で，窒素のついては17.2節のアミンの項で詳しく述べる。

CH_3-O-CH_3　　　　　　　　$CH_3-NH-CH_3$
ジメチルエーテル（15.1節）　　　ジメチルアミン（17.2節）

13.2.4 ヘテロ原子との不飽和結合

酸素は二つの共有結合を，窒素は三つの共有結合をつくるため，炭素との結合において不飽和結合も形成できる。酸素の場合は，15.2節の項で述べるアルデヒド，ケトンや，16.1節のカルボン酸となる。窒素は炭素と二重結合することによりイミンとなり，三重結合でニトリルという化合物となる。また，17.3節のタンパク質の項で詳しく述べるが，タンパク質の繰り返し構造であるペプチド結合は不飽和結合の性質があり，タンパク質の二次構造に大きく関わっている。

不飽和結合した酸素を含む化合物の例

$$CH_3-\underset{\underset{O}{\|}}{C}-H \qquad CH_3-\underset{\underset{O}{\|}}{C}-CH_3 \qquad CH_3-\underset{\underset{O}{\|}}{C}-OH$$

アセトアルデヒド（15.2節）　　アセトン（15.2節）　　酢酸（16.1節）

不飽和結合した窒素を含む化合物

$$CH_3-\underset{\underset{CH_3}{}}{\overset{\overset{N-H}{\|}}{C}} \qquad H_2N-\underset{\underset{H}{|}}{\overset{\overset{R_1}{|}}{C}}-\overset{\overset{O}{\|}}{C}-\underset{\underset{H}{|}}{N}-\underset{\underset{H}{|}}{\overset{\overset{R_2}{|}}{C}}-COOH$$

プロパン-2-イミン（17.2節）　　ペプチド結合（17.3節）

13.2.5 反応は官能基

有機化合物をその反応性で分類する場合，その構造単位は官能基と呼ばれている。官能基とは，一定の構造からなる原子の集団である。官能基の一覧を**表13.2**に示した。この表には，付録A1で述べる有機化合物の命名法（IUPAC命名法）において重要となる優先順位と接尾語も掲載した。

有機化合物の基本構造は，炭素骨格に水素が結合した炭化水素であるが，その化学的性質は，分子の大きさや複雑さではなく，含んでいる官能基によってほとんど決まる。同一の官能基をもつ化合物は，共通の性質を示す場合が多い。例えば，官能基としてヒドロキシ基-OHを例にしよう。最も簡単な化合物がメタンCH_4にヒドロキシ基がついたメチルアルコールCH_3OH，次に簡単なものがエチルアルコールC_2H_5OHであるが，ともに水によく溶解する。一

13. 有機化学の基本

表 13.2 官能基の名称と IUPAC 命名法による接尾語と優先順位

名称	構造式	簡略化した構造式	接尾語	
カルボン酸 carboxylic acid	$-\overset{\overset{O}{\|\|}}{C}-OH$	$-COOH$ または $-CO_2H$	酸（カルボン酸） -oic acid（-carboxylic acid）	高 ↑
スルホン酸 sulfonic acid	$-\overset{\overset{O}{\|\|}}{\underset{\underset{O}{\|\|}}{S}}-OH$	$-SO_3H$	スルホン酸 -sulfonic acid	
エステル ester	$-\overset{\overset{O}{\|\|}}{C}-O-$	$-COO-$ または $-CO_2-$	酸（カルボン酸）[+3] -oate（-carboxylate）	
酸塩化物 acid chloride	$-\overset{\overset{O}{\|\|}}{C}-Cl$	$-COCl$	塩化-オイル -oyl chloride	
アミド amide	$-\overset{\overset{O}{\|\|}}{C}-NH_2$	$-CONH_2$	アミド（カルボキサミド） -amide（-carboxamide）	
ニトリル nitrile	$-C\equiv N$	$-CN$	ニトリル（カルボニトリル） -nitrile（-carbonitrile）	
アルデヒド aldehyde	$-\overset{\overset{O}{\|\|}}{C}-H$	$-CHO$	アール（カルバルデヒド） -al（-carbaldehyde）	
ケトン ketone	$-\overset{\overset{O}{\|\|}}{C}-$	$-CO-$	オン -one	優先順位
アルコール alchol もしくは フェノール phenol	$-OH$	$-OH$	オール -ol	
チオール thiol	$-SH$	$-SH$	チオール -thiol	
アミン amine	$-N\overset{H}{\underset{H}{\diagdown}}$	$-NH_2$	アミン -amine	
アルケン alkene	$\diagup C=C\diagdown$	$\diagup C=C\diagdown$	エン -ene	
アルキン alkyne	$-C\equiv C-$	$-C\equiv C-$	イン -yne	
エーテル ether	$-O-$	$-O-$	エーテル ether	
ベンゼン benzene	(ベンゼン構造式)	(ベンゼン環)	ベンゼン benzene	↓ 低

方，メタン，エタン C_2H_6 は水に溶けにくい。つまり，水との親和性は，官能基であるヒドロキシ基によってもたらされたわけである（10.2節）。

また，エチルアルコールの酸素の結合部位が移動し，真ん中に入った化合物はジメチルエーテル CH_3OCH_3 となる。ともに炭素2個，水素6個，酸素1個からなる化合物であるが，性質はまったく異なっている。常温で液体であるエチルアルコールに対し，ジメチルエーテルは気体であり，スプレーなどに使われている。エチルアルコールは酢酸との反応でエステルをつくることができるが，ジメチルエーテルではエステルをつくることはできない。このように官能基の性質を理解すると，有機化合物の性質を把握することが容易となる。

メタン　　CH_4
　　沸点：　$-161℃$
　　疎水性

メチルアルコール　CH_3OH
　　沸点：　$64℃$
　　親水性

エタン　　C_2H_6
　　沸点：　$-89℃$

エチルアルコール　C_2H_5OH
　　沸点：　$78℃$

ジメチルエーテル　CH_3-O-CH_3
　　沸点：　$-23℃$

ジエチルエーテル　$C_2H_5-O-C_2H_5$
　　沸点：　$34℃$

13.2.6 同じ組成で異なった化合物―異性体―

エチルアルコールとジメチルエーテルは C_2H_6O という同じ分子式となるが，異なった物質である。このように同じ組成で異なった構造・性質をもつ化合物を，異性体と呼ぶ。異性体には，**表 13.3** にまとめたように，原子の結合順が

表 13.3　異性体の分類

（a）構造異性体：原子の結合順序
　　①骨格異性体　　　骨格構造
　　②官能基異性体　　官能基の種類
　　③位置異性体　　　置換基の位置

（b）立体異性体：空間的な配列
　　①幾何異性体
　　②光学異性体

異なることによって生じる構造異性体と，原子の結合順は同じでも空間的な配列が異なる立体異性体に分類することができる。

(**a**) **構造異性体**　分子を構成する原子の結合の仕方が異なる異性体である。

① 骨格異性体　炭化水素などにおいて，直鎖や枝分かれなど炭素の結合の仕方が異なる異性体。

C_4H_{10}　　　$CH_3-CH_2-CH_2-CH_3$　　　n-ブタン（n:normal）
$CH_3-CH-CH_3$　　　i-ブタン（i:iso）
　　　｜
　　　CH_3

② 官能基異性体　アルコールとエーテルなど，結合している官能基の違いによる異性体。

$^4CH_3-^3CH_2-^2CH_2-^1CH_2-OH$　　　1-ブチルアルコール
$CH_3-CH_2-O-CH_2-CH_3$　　　ジエチルエーテル

③ 位置異性体　官能基がついている位置が異なる異性体。

$^4CH_3-^3CH_2-^2CH_2-^1CH_2-OH$　　　1-ブチルアルコール
$^4CH_3-^3CH_2-^2CH-^1CH_3$　　　2-ブチルアルコール
　　　　　　　｜
　　　　　　　OH

(**b**) **立体異性体**　分子を構成する原子とその結合順序が同じであるが，空間的な配列が異なるために生じる異性体である。

① 幾何異性体　炭素-炭素間の二重結合の一つの結合は，p軌道同士の重なりによるπ結合であるため，2重結合は固定されていて回転することができないことはすでに述べた。回転ができないため，それぞれの炭素に2種類の原子や官能基が結合しているとき，炭素-炭素二重結合を含む面に対して同じ側の結合か別の側の結合かにより，性質の異なっ

た2種類の化合物となる。同種の原子あるいは官能基が同じ側にあるものをシス形，反対の位置関係にあるものをトランス形と呼ぶ。

H   H　　　　　　　H   CH₃
 \\ / 　　　　　　　 \\ /
  C = C 　　　　　　 C = C
 / \\ 　　　　　　　 / \\
H₃C   CH₃　　　　　H₃C   H

シス-2-ブテン　　　　トランス-2-ブテン

② 光学異性体　炭素が四つの異なった種類の原子あるいは原子団と結合した場合に生じる異性体である。例として，タンパク質の構成要素であるアミノ酸を考えよう。**図 13.4**（a）のようにアミノ酸を構造式で表した場合，（A）の鏡像が（B）となり，二つは同じもののように見えるが重ねることはできず同じ形にはならない。その理由は，炭素の sp^3 混成軌道は平面上に広がった軌道ではなく，テトラポットのような立体的な構造であるためである。その構造を紙面上で表現するのは困難であるが，図（b）にのようになる。$C\text{-}COO^-$ の結合軸を中心にして，H同士が合わさるように（B）を回転したらどうなるであろうか。Rと NH_3^+ の位置が逆になってしまう。つまり，（A）と（B）は異なった化合物なのである。

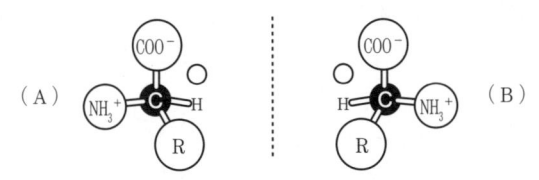

（a）構造式で表したアミノ酸

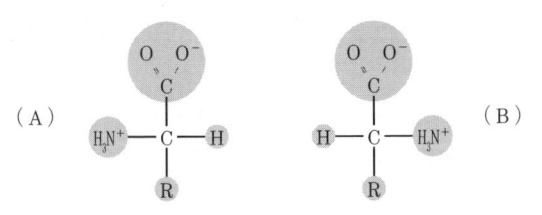

（b）立体構造式で表したアミノ酸

図 13.4　アミノ酸の構造と異性体

すべて異なる四つの原子・原子団と結合した炭素原子を不斉炭素と呼ぶ。不斉炭素があれば異性体が生じる。両者は，沸点や融点などの物理化学的性質はまったく同じであるが，旋光性という偏光を与えたときの光学的性質が異なっている。そのため光学異性体と呼ばれている。光学異性体は生体物質において非常に重要であり，タンパク質と糖質の項においてさらに詳しく述べる。

13.3 有機化合物の表記法

これまで解説をせずにいろいろな有機化合物を例として用いてきたが，有機化合物の表記には**表 13.4**にまとめたいろいろな方法がある。

実験式や分子式では構造や官能基を判断することはできないため，示性式と構造式が一般に用いられる。構造式は，原子間の共有結合を線で示し，二重結合は二重線で示すなどすべての原子と結合を示す。構造式は化合物の構造を最

表 13.4 有機化合物の表記法

	（例）酢酸
実験式：分子を構成する元素とそのモル比をそのまま示す。	CH_2O
分子式：分子を構成する元素の数を書き入れる。	$C_2H_4O_2$
示性式：官能基を示す。	CH_3COOH
構造式：原子の結合様式まで示す。	H O | || H-C-C-O-H | H
骨格構造式：簡略化した構造式	╲╱OH ‖ O
立体構造式 　　破線-くさび型表記法 　　ニューマン投影式 　　フィッシャー投影式	（図 13.5 参照）

も的確に表示する方法であるが，大きな化合物を表す場合は不向きである。そのため炭素原子と水素原子は表記せず，水素との結合も省略する骨格構造式も用いられている。

　立体的な構造を二次元で表現する表記法として，三つの表記法がおもに用いられている。2-ヒドロキシ酪酸を例にとり，それぞれの表記法で表した構造式を図 13.5 に示した。

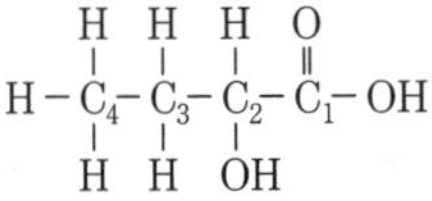

$$H-\underset{H}{\overset{H}{C_4}}-\underset{H}{\overset{H}{C_3}}-\underset{OH}{\overset{H}{C_2}}-\underset{}{\overset{O}{C_1}}-OH \quad \text{2-ヒドロキシ酪酸}$$

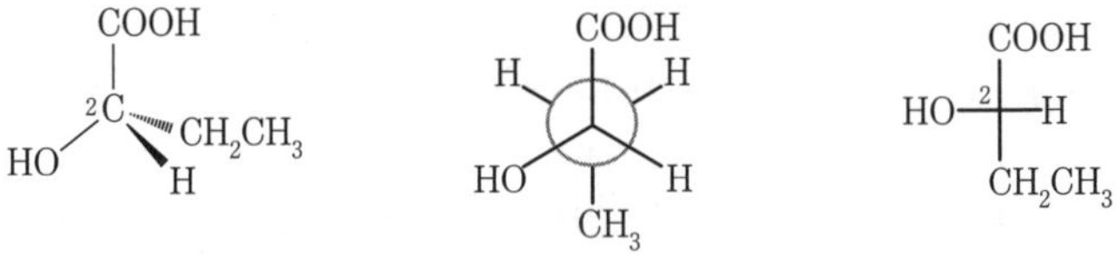

（a）破線-くさび型表記法　　（b）ニューマン投影式　　（c）フィッシャー投影式

図 13.5　立体構造の表し方

（a）の破線-くさび型表記法は，実線，破線，くさび型線の 3 種類の線で示される結合を用いて，三次元的な構造を表す。実線は紙面上にある結合，破線は紙面より後ろへ伸びている結合，そしてくさび型線は紙面から手前に伸びている結合を意味している。

（b）のニューマン投影式は，原子の位置が基本となる炭素-炭素結合の方向から見た図で示す方法である。隣り合った置換基同士の相対的な位置関係がわかりやすい特徴がある。

（c）のフィッシャー投影式は，四面体構造を 2 本の交差する線で表す。水平方向の結合は紙面より手前，上下方向は紙面より後ろ側にあるように示す。糖やアミノ酸などの構造を示すのに用いられる。その他，ステレオ図などいろいろな表記法も使われている。

まとめ

1. 有機化合物は炭素を基本骨格とする化合物である
2. 炭素は混成軌道を形成し，共有結合する
3. 炭素の基本構造は正四面体である
4. 炭素は不飽和結合も形成できる
5. 化学的性質は官能基に基づく
6. 同じ組成でも異なった化合物（異性体）が存在する

演習問題

13.1 炭素が四つの共有結合を形成する理由を述べよ。
13.2 炭素の sp^3 混成とはなにかを説明し，その構造を述べよ。
13.3 炭素の sp^2 混成とはなにかを説明し，その構造を述べよ。
13.4 σ 結合と π 結合とはなにかを述べよ。
13.5 官能基とはなにかを説明し，代表的な官能基を五つ記しその名称を述べよ。
13.6 構造異性体とはなにか述べよ。
13.7 光学的異性体とはなにか述べよ。

コーヒーブレイク

最初の有機合成化合物は尿素だった

有機化合物を初めて人工的に合成したのは，フリードリッヒ・ヴェーラーというドイツの化学者です。1828年に，シアン酸アンモニウムの水溶液を加熱して尿素を作り出すことに成功しました（図14）。尿素は，人間の手によって初めて無機化合物から合成された有機化合物として有機化合の歴史上，非常に重要な化合物となりました。また，ヴェーラーはこの業績により「有機化学の父」と呼ばれています。

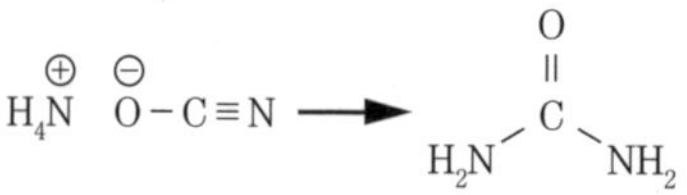

$$H_4\overset{\oplus}{N} \quad \overset{\ominus}{O}-C\equiv N \longrightarrow \underset{H_2N}{\overset{\overset{\displaystyle O}{\parallel}}{C}}NH_2$$

図14 シアン酸アンモニウム水溶液の加熱による尿素合成

14 炭素と水素からなる有機化合物
―炭化水素―

　有機化合物の基本構造は炭化水素である。炭化水素とはその名のとおり，炭素と水素からなる化合物である。有機化合物は，炭化水素にいろいろな官能基が結合したものということができる。本章では，有機化合物の母体である炭化水素について学習する。

14.1　炭化水素の分類

　炭化水素の一般的な分類は**図 14.1**のようになる。飽和結合だけのもの，不飽和結合をもつのも，鎖状のもの，環状構造のものなど，炭素の数だけでなく炭素-炭素結合の形式により，多種多様なものがある。この分類に基づいて次節以降で詳しく解説する。

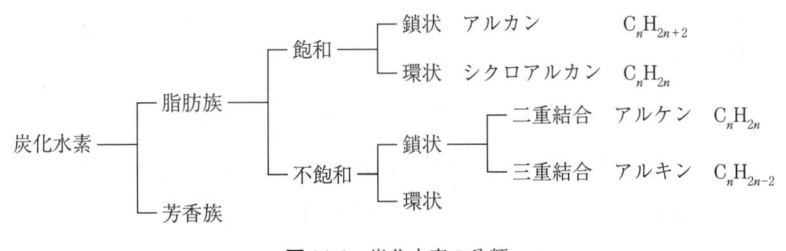

炭化水素
- 脂肪族
  - 飽和
    - 鎖状　アルカン　　C_nH_{2n+2}
    - 環状　シクロアルカン　C_nH_{2n}
  - 不飽和
    - 鎖状
      - 二重結合　アルケン　C_nH_{2n}
      - 三重結合　アルキン　C_nH_{2n-2}
    - 環状
- 芳香族

図 14.1　炭化水素の分類

14.2　脂肪族炭化水素　アルカン

（1）**構造と名称**　　基本の構造は，鎖状の飽和炭化水素であり，アルカン (alkane) と呼ばれている。C-C 結合と C-H 結合だけから構成され，C-C 結合

が鎖状に結ばれた化合物である。分子式は C_nH_{2n+2} で表され，脂肪族飽和炭化水素とも呼ばれる。炭素の数に従って，表14.1にまとめた名称がつけられている。炭素数4個までは，メタン，エタン，プロパン，ブタンという慣用名がつけられているが，炭素5個以上のアルカンでは表14.2に示したギリシャ語の数詞に飽和炭化水素を表す接尾語 ane をつけて表す。

メタン　　エタン　　プロパン　　ブタン

表14.1 脂肪族飽和炭化水素の名称

炭素数	名称	英語名
1	メタン	methane
2	エタン	ethane
3	プロパン	propane
4	ブタン	butane
5	ペンタン	pentane
6	ヘキサン	hexane
7	ヘプタン	heptane
8	オクタン	octane
9	ノナン	nonane
10	デカン	decane

表14.2 ギリシャ語の数詞

1	mono	モノ
2	di	ジ
3	tri	トリ
4	tetra	テトラ
5	penta	ペンタ
6	hexa	ヘキサ
7	hepta	ヘプタ
8	octa	オクタ
9	nona	ノナ
10	deca	デカ

例えば，5個でペンタン C_5H_{12}，6個でヘキサン C_6H_{14} などである。アルカンの炭素鎖は，直鎖状の場合もあれば，枝分かれの場合もある。炭素数が多くなれば枝分かれも多様になり，構造異性体の種類も多くなる。

C_6H_{14} の分子式をもつ炭化水素は，表14.3にまとめた5種類の異性体がある。

（2）**性質と反応**　アルカンは炭素と水素の共有結合だけでできており，ほとんど無極性である。そのため，水に溶けない。このような性質を疎水性と呼ぶ。反応に関しては，極性反応に対して不活性であるが，燃焼などの酸化反応やラジカルとの反応は容易に生じる。なお，極性反応やラジカル反応につい

表14.3 分子式 C_6H_{14} の異性体と沸点[25]

構造式	名称	沸点
CH₃–C(CH₃)(CH₃)–CH₂–CH₃	2,2-ジメチルブタン	50
CH₃–CH(CH₃)–CH(CH₃)–CH₃	2,3-ジメチルブタン	58
CH₃–CH(CH₃)–CH₂–CH₂–CH₃	2-メチルペンタン	62
CH₃–CH₂–CH(CH₃)–CH₂–CH₃	3-メチルペンタン	64
CH₃–CH₂–CH₂–CH₂–CH₂–CH₃	ヘキサン	69

ては,19.6節で解説する。

　直鎖状アルカンの物理的性質は,炭素の数に従って規則的に変化する。すなわち沸点は分子量とともに高くなる。常温定圧において,炭素数が4以下で気体,5〜16で液体,それ以上で固体となる。同じくらいの分子量をもつ他の有機化合物と比較すると,アルカンの沸点は低い。これは,アルカンは無極性であり,アルカン分子同士に働く分子間力が小さいためである。同じ分子量であるアルカンの沸点は,表14.3に示したように直鎖状の異性体が高く,枝分かれによって球状に近い構造になるほど低くなる。

14.3 脂環状炭化水素 シクロアルカン

　炭素数が3個以上の場合,環状構造を形成することができる。構造内に不飽和結合を含まないものをシクロアルカン(脂環状炭化水素)と呼び,C_nH_{2n} の

分子式となる。この分子式は後で述べるアルケンの式と同じであるが、すべての炭素−炭素結合は一重結合である。したがって、性質や反応性はアルカンとほとんど変わらない。ただし、炭素が3個のシクロプロパンでは、炭素原子の結合角が大きく歪んでいるため、反応性が高い。炭素6個からなるシクロヘキサンは、コレステロールなど生体分子に多くみられる構造体である。

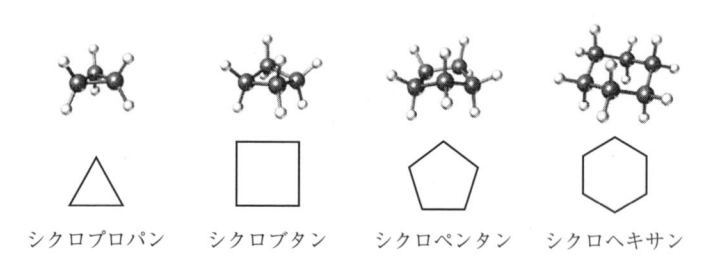

シクロプロパン　　シクロブタン　　シクロペンタン　　シクロヘキサン

14.4　アルケンとアルキン

（1）**構造と名称**　二重結合や三重結合を不飽和結合といい、このような結合をもった炭化水素を不飽和炭化水素という。鎖状の構造で二重結合を一つもっている化合物をアルケンと呼んでいる。オレフィンという用語も用いられることがある。分子式は C_nH_{2n} で表される。その名称は、対応するアルカンの語尾を「エン」(-ene) に変える。エタンはエテンとなるが、慣用名としてエチレンと呼ばれることも多い。すでに述べたように炭素の二重結合は回転できないため、シス、トランスの異性体ができる。アルケンも環状構造を形成することができる。これをシクロアルケンと呼ぶ。

アルキンは三重結合を1個含む鎖状不飽和炭化水素で、分子式は C_nC_{2n-2} となる。その命名はアルケン同様にアルカン名が基本となり、語尾を「イン」

エテン(エチレン)　　　　　　　エチン(アセチレン)

(-yne) に変える。エタンはエチンとなるが，アセチレンという慣用名が一般的に使われている。

（２）**性質と反応** 二重結合は反応性が高い。一つの結合に新たな結合を形成する付加反応が可能なためである。そのため，アルケンを用いることによりいろいろな化合物をつくり出すことができる。特にエチレンは，後述する高分子材料の原料やさまざまな有機化合物を合成するために利用されている。付加反応については19.6.2項で述べる。アセチレンもエチレン同様に反応性が高く，いろいろな有機化合物の合成原料として用いられている。

14.5 芳香族炭化水素

（１）**構造と名称** 芳香族炭化水素とは，ベンゼンおよびその構造類縁体を意味している。芳香を有する化合物が多いため，この名前がつけられた。芳香族化合物は脂肪族化合物とはまったく異なった化学的性質をもっている。その理由を基本物質であるベンゼンの構造から説明しよう。

ベンゼンの分子式は C_6H_6 である。その構造式として，**図 14.2**（a）や水素を省略した図（b）のように，二重結合と一重結合が交互につながった環状構造で表記されることが多い。典型的な炭素間距離は，一重結合で 1.54 Å，二重結合で 1.34 Å である。そのため，この表記が正しければ，ベンゼンの構造はいびつな六角形となるはずである。しかし，ベンゼンの構造は正六角形であり，炭素間距離はすべて等しく 1.40 Å である。つまり実際の距離は，一重結合と二重結合の中間的な距離である。ベンゼンの炭素-炭素結合は，一重結合

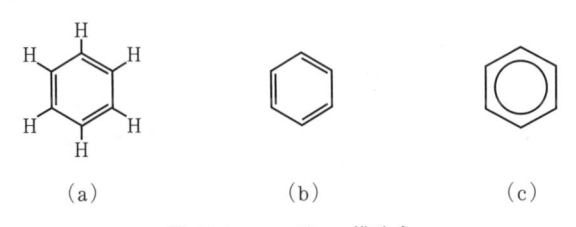

図 14.2 ベンゼンの構造式

と二重結合の中間的な構造となっているのである。

　ベンゼンを構成する炭素は sp^2 混成軌道によってたがいに結合し，平面構造を形成する。それぞれの炭素には，sp^2 混成軌道に使われなかった p 軌道に 1 個ずつの電子があるが，これらの六つの p 軌道は隣同士重なり合い，**図 14.3** に示したドーナツのようにつながった軌道となる。その結果，電子は一つの炭素の近くに局在化されているのではなく，環状の軌道に存在することになる。このような電子の状態を非局在化というが，電子はこの軌道によって環状に移動ができるようになり，均等に分布し，いわば 1.5 重結合という構造を形成することになる。これがベンゼンの構造であり，図 14.2（c）がより近い構造式である。

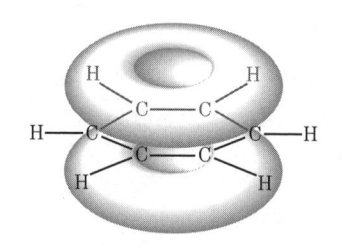

図 14.3　π 電子雲がドーナツ状につながったベンゼン分子[24]

　多くのベンゼン誘導体では，ベンゼンという語の前に単に置換基の名称をつければよい。例えば，塩素がつけばクロロベンゼン，ニトロ基がつけばニトロベンゼン，プロピル基がつけばプロピルベンゼンとなる。また，**表 14.4** に示したような慣用名が用いられている化合物もある。

　置換基が二つ入る場合，その位置関係から 3 種類の化合物となるため，オルト（ortho-, o-），メタ（meta-, m-），パラ（para-, p-）という接頭語をつけて区別している。

14.5 芳香族炭化水素

表 14.4 代表的な芳香族化合物の慣用名[26]

構造式	名 称	構造式	名 称
C₆H₅-CH₃	トルエン （沸点 111 ℃）	C₆H₅-CHO	ベンズアルデヒド （沸点 178 ℃）
C₆H₅-OH	フェノール phenol （融点 43 ℃） （沸点 182 ℃）	C₆H₅-CO₂H	安息香酸 benzoic acid （融点 122 ℃） （沸点 249 ℃）
C₆H₅-NH₂	アニリン aniline （沸点 184 ℃）	C₆H₅-CN	ベンゾニトリル benzonitrile （沸点 191 ℃）
C₆H₅-COCH₃	アセトフェノン acetophenone （融点 21 ℃）	o-C₆H₄(CH₃)₂	ortho-キシレン （沸点 144 ℃）
C₆H₅-CH(CH₃)₂	クメン cumene （沸点 152 ℃）	C₆H₅-CH=CH₂	スチレン styrene （沸点 145 ℃）

不飽和結合によりベンゼン環が多数つながった化合物もある。これらを多環式芳香族化合物と呼ぶ。ナフタレン，アントラセンや，発ガン物質と知られているベンツピレンなどである。この構造が非常に大きくなったものが炭素粉末（スス）であり，グラファイトと呼ばれている。

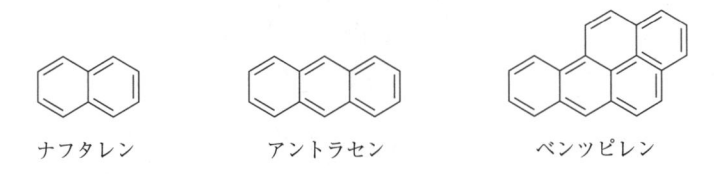

ナフタレン　　　　アントラセン　　　　ベンツピレン

ベンゼン環を置換基とみなすときは，フェニル基とよび，Ph-，Φ（ギリシャ文字のファイ）と略記されることもある。$C_6H_5CH_2$-は，ベンジル基とよばれる。

（2） **性質と反応**　アルケンの二重結合に比べると，電子の非局在化によって低いエネルギー状態が得られ安定であるため，付加反応が起こりにくい。一方，ベンゼンの水素は他原子や官能基と置換する置換反応は容易であるため，いろいろな化合物を生成することができる。不飽和結合は電子の移動が可能であるため，多環式芳香族化合物は有機半導体として利用されている。

コーヒーブレイク

燃える水—メタンハイドレート—

　メタンは水に溶けにくいことを述べましたが，温度，圧力がある条件になると，**図15**のように，メタンは水に取り込まれます。少し詳しく述べますと，水分子はその内部に5～6Å（1億分の1cm）の空隙をもった立体網状（包接格子）構造をしていて，メタンがその中に捕捉（包接）された化合物になります。これをメタンハイドレートと呼び，白いゼリー状または雪のような状態になっています。

　メタンハイドレートは，燃焼による硫黄酸化物などの有害成分の放出はほとんどなく，石油や石炭に比べ燃焼時の二酸化炭素排出量がおよそ半分であるため，地球温暖化対策としても有効な新エネルギー源であるとされています。つまり，化石燃料に代わる新しいエネルギー源として注目されているわけです。そのメタンハイドレートが日本の近海に豊富にあることが知られています。今後の課題は採掘法ですが，将来，日本は世界有数のエネルギー資源大国になれる可能性もあるわけです。

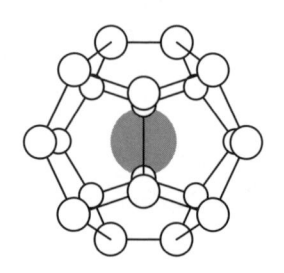

メタンハイドレートの結晶構造：水分子（○）かご構造を作り，その中にメタン分子（●）が含まれる

図15　メタンハイドレートの構造

> **ま と め**
>
> 1. 有機化合物の基本構造は炭化水素である
> 2. 炭化水素は，飽和，不飽和，鎖状，環状など多様な構造を形成できる
> 3. 炭化水素は疎水性であり，水に溶けにくい
> 4. 芳香族炭化水素では，炭素の一重結合と二重結合の中間的構造から形成されている

演 習 問 題

14.1 脂肪族炭化水素を分類し，それぞれの名称を述べよ。
14.2 アルカンの性質を述べよ。
14.3 枝分かれ構造のアルカンは，同じ分子量の直鎖型アルカンより沸点が低い理由を述べよ。
14.4 ベンゼンは炭素6個からなる環状構造体であるが，その炭素間距離が等しい理由を述べよ。
14.5 ベンゼン誘導体のオルト，メタ，パラとは何を意味するのか述べよ。

15 炭素，水素と酸素からなる有機化合物（1）

炭化水素に酸素が加わると多彩な性質をもった化合物となる。その一つが，アルコールであり，人類が太古の昔から親しんできた有機化合物である。アルコールは，体を構成する物質としても重要であり，糖質の基本構造体である。また酸素のつき方が異なると，エーテルやアルデヒドとなる。

15.1 アルコール，フェノールとエーテル

（1） **構造と名称** アルコールは，飽和のsp^3混成軌道炭素原子にヒドロキシ基が結合した化合物である。ヒドロキシ基は水酸基という日本語名でも呼ばれることも多く，R-OH という一般式で表される。R はアルキル基であり，鎖状でも環状でもよい。また，二重結合を含んでいても，ヒドロキシ基が結合している炭素以外の炭素が二重結合であれば，アルコールである。

アルケンの二重結合にヒドロキシ基が結合した化合物は，sp^2混成軌道炭素に結合していることになり，アルコールではなくエノールと呼ばれている。二重結合のために，化学的性質がアルコールとはまったく異なっている。芳香環があっても，芳香環を形成している炭素に直接ヒドロキシ基が結合していなければアルコールとなる。芳香環にヒドロキシ基が直接結合した化合物はフェノールと呼ばれる。アルコールもフェノールどちらも，水素の一つを炭化水素基で置き換えた水の誘導体とみなすことができる。

15.1 アルコール，フェノールとエーテル

アルコールは，ヒドロキシ基をもった炭素に結合している置換基の数により，第一級，第二級，第三級に分類される。

$$
\begin{array}{ccc}
\text{H} & \text{H} & \text{R}'' \\
| & | & | \\
\text{H}-\text{C}-\text{OH} & \text{R}'-\text{C}-\text{OH} & \text{R}'-\text{C}-\text{OH} \\
| & | & | \\
\text{R} & \text{R} & \text{R}
\end{array}
$$

第一級（1°）アルコール　第二級（2°）アルコール　第三級（3°）アルコール

付録A1で述べるIUPAC命名法に基づいて命名されるが，広く用いられているアルコールでは，ベンジルアルコール，アリルアルコール，*tert*-ブチルアルコール，エチレングリコール，グリセロール（グリセリン）などIUPACが認めた慣用名も用いられている。

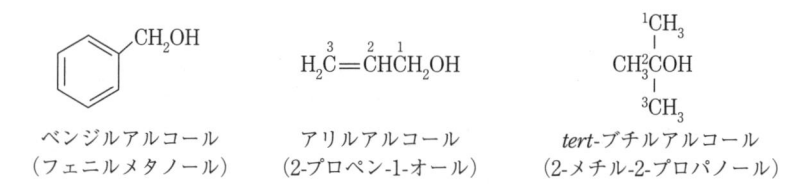

ベンジルアルコール　　アリルアルコール　　*tert*-ブチルアルコール
（フェニルメタノール）（2-プロペン-1-オール）（2-メチル-2-プロパノール）

エチレングリコール　　グリセロール（グリセリン）
（1,2-エタンジオール）（1,2,3-プロパントリオール）

エチレングリコールではヒドロキシ基が二つ，グリセリンでは三つある。これらは多価アルコールと呼ばれる。グリセリンは脂肪酸とエステル結合を形成し，油脂として生体にも広く存在している。また，細胞膜の成分としても利用されている。これらについては（16.2節，17.1節）に後述する。

エーテルは，アルコールのヒドロキシ基の水素（R-OH）を炭化水素基（R-）に置き換えた誘導体の総称である。その炭化水素基は，アルキル基，二重結合をもつアリル基（$CH_2=CH-CH_2-$），フェニル基のいずれでもよい。また，テトラヒドロフランなど，環状構造を形成したエーテルもある。

テトラヒドロフラン

（2） **性質と反応**　アルコールとフェノールの性質は，炭化水素と非常に異なっている。その理由は，いうまでもなくヒドロキシ基によって生じている。まず，沸点などの物理的性質の違いをみてみよう。エタンは常温で気体であるが，エタノールは液体である。トルエンの沸点は111℃であるのに対し，フェノールは182℃に上昇する。この物理的性質の違いは，アルコールのヒドロキシ基が水と同様に水素結合を形成するためである（**図15.1**）。

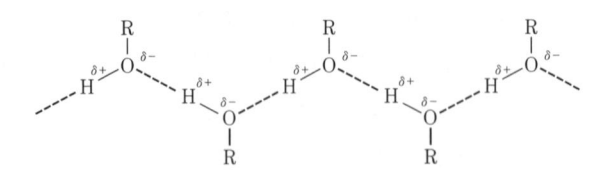

図15.1　アルコールにおける水素結合

また，ヒドロキシ基は極性があり，さらに水と水素結合を形成できるため，水と親和性が高い（10章）。この性質を親水性という。疎水性であった炭化水素にヒドロキシ基がつくと親水性となり，C1～C3までのアルコールは，水と任意の割合で混じり合う。C4以上では高級になるほど（炭素の数が多くなるほど），水に溶けにくくなり，C13以上では水に不溶となる。これは炭化水素部分の割合が増し，疎水性が強く出てくるからであり，炭化水素と物理的性質が似かよってくる。

ヒドロキシ基は，またアルコールとフェノールの化学反応性に大きく関わっている。水は水素イオン（プロトン）を与える酸の性質と水素イオンを受け取る塩基の性質をもっているが，アルコールとフェノールも同様である。酸にも

塩基にもなれる性質を両性と呼ぶが，ヒドロキシ基の両性的性質がアルコールとフェノールの反応性を特徴づけている。

簡単なアルコールは水と同程度の酸であるが，その酸度は，置換基によって大きく変化し，反応性も影響を受ける。フェノールはアルコールより強い酸である。これは芳香環による電子の非局在化によって，イオン（フェノキシドアニオン）が安定化されるためである。置換基の種類と置換位置によって，その効果は大きく変化し，反応にも違いが生じる。

アルコールの反応は，1）ヒドロキシ基のHのみが解離し他原子と置換する反応，2）ヒドロキシ基が取れ他原子と置換する反応，3）脱離により不飽和結合C=CまたはC=Oができる反応に分類される。

1）の例　　カルボン酸との反応　エステル生成反応

$$CH_3CH_2OH + CH_3COOH \longrightarrow CH_3COOC_2H_5 + H_2O$$

2）の例　　ハロゲン化水素との反応

$$R\text{-}OH + HX \longrightarrow RX + H_2O$$

3）の例　　脱水反応

$$CH_3CH_2CH_2CH_2OH \longrightarrow CH_3CH=CHCH_3 + H_2O$$
$$ CH_3CH_2CH=CH_2 + H_2O$$

　　　　　酸化反応

　　　　第1級　$R-CH_2OH \longrightarrow R-CHO \longrightarrow R-COOH$

　　　　第2級　$R-\underset{\underset{R'}{|}}{C}HOH \longrightarrow R-\underset{\underset{R'}{|}}{C}=O$

　　　　第3級　$R-\underset{\underset{R''}{|}}{\overset{\overset{R'}{|}}{C}}-OH$　　反応は起こらない

フェノールもアルコールと同様，エステル形成や酸化反応などが生じる。フェノールは医薬品，染料，合成樹脂などの原料として重要な化合物である。

エーテルは，ヒドロキシ基を失っているため，同程度の分子量のアルコール

に比べ沸点は低くなる。しかし，水とは水素結合が多少は可能であり，炭素数が少ないエーテルでは水に溶解する。ジエチルエーテルの25℃での水への溶解度は，質量濃度で6％程度である。ジエチルエーテルは無極性であるため，多くの有機化合物に対する溶解度も高い。また反応性も低いため，有機反応の溶媒として利用されている。

15.2 アルデヒドとケトン

（1） 構造と名称　アルコールやエーテルの酸素原子は，炭素原子とσ結合で結ばれていた。炭素と酸素が二重結合で結ばれる化合物もあり，これらはカルボニル化合物と呼ばれる。カルボニル基の炭素原子が少なくとも一つの水素原子と結合している化合物がアルデヒドであり，二つとも炭素原子と結合しているのがケトンである。

$$\underset{\text{アルデヒド}}{\overset{R(H)}{\underset{}{}}\diagdown \underset{\underset{O}{\parallel}}{C} \diagup {}^{H}} \qquad \underset{\text{ケトン}}{\overset{R}{\underset{}{}}\diagdown \underset{\underset{O}{\parallel}}{C} \diagup {}^{R'}}$$

アルデヒドは，2個の水素が結合しているホルムアルデヒド以外は，すべて炭化水素基1個をもつ。炭化水素基の種類に応じて，脂肪族アルデヒド，芳香族アルデヒドに分類される。

アルデヒドのIUPAC命名法は付録A1に載せたが，簡単なアルデヒドでは慣用名が一般的である。その命名法は，対応するカルボン酸の英語名称で，-酸 (ic-acid) を-アルデヒド (-aldehyde) に変える。なお，カルボン酸については16章において解説する。

　　　　　ギ酸　　formic acid　　　ホルムアルデヒド　　formaldehyde
　　　　　酢酸　　acetic acid　　　 アセトアルデヒド　　acetaldehyde

ケトンには，2個の炭化水素基が結合している。炭化水素基が2個とも脂肪

族炭化水素基であれば，脂肪族ケトンに，また少なくとも1個が芳香環またはフェニル基であれば芳香族ケトンに分類される。ケトンの IUPAC 命名法は，基本的にアルデヒドと同じであり，付録 A 1 に載せたが，ケトンのカルボニル基は末端炭素原子上にはないため，その位置番号は必ずつける。簡単なケトンは慣用名で呼ばれる。最も簡単なケトンである 2-プロパノンは一般にアセトンと呼ばれる。他のケトンの慣用名は，カルボルニル炭素についたアルキル基の名称によってつけられる。

$$\underset{\text{1}}{CH_3}-\underset{\text{2}}{\overset{\overset{\displaystyle O}{\|}}{C}}-\underset{\text{3}}{CH_3} \qquad \underset{\text{1}}{CH_3}-\underset{\text{2}}{\overset{\overset{\displaystyle O}{\|}}{C}}-C_2H_5 \qquad C_2H_5-\underset{\text{3}}{\overset{\overset{\displaystyle O}{\|}}{C}}-C_2H_5$$

IUPAC 名	2-プロパノン	2-ブタノン	3-ペンタノン
慣用名	アセトン	メチルエチルケトン	ジエチルケトン

(2) **性質と反応**　酸素は炭素より電気陰性度が大きいので，炭素-酸素二重結合は極性をもち，酸素が部分負電荷を，炭素が部分正電荷をもっている。分極間の相互作用力，すなわち双極子-双極子の引力が働くため，分子量が同程度の炭化水素より沸点などが高くなる。また，カルボニル酸素原子が非共有電子対をもっているために水素結合が可能であり，低分子量のホルムアルデヒド，アセトアルデヒドやアセトンなどは水に溶解する。

$$\overset{\delta+}{\underset{}{>C}}=\overset{\delta-}{\underset{}{\ddot{O}}} \qquad \text{カルボニル基の分極}$$

炭素-酸素二重結合が分極していることは，アルデヒドとケトンの反応性にも大きく影響し，炭素-炭素二重結合のアルケンよりも，多彩な反応を起こすことができる。炭素は部分正電荷をもっているため，求核剤（nucleophile, 核を好む化学種）と呼ばれる化合物と反応が生じやすい。求核剤とは電子密度が低い原子へ反応し，化学結合を形成する化合物であり，孤立電子対をもつアルコールやアミン，またアニオンなどである。

1) アルコールとの反応

$$\underset{H}{\overset{R}{>}}C^{\delta+}=O^{\delta-} \quad + \quad H\ddot{O}-R' \quad \rightleftarrows \quad \underset{H}{\overset{R}{>}}C\underset{O-H}{\overset{O-R'}{<}}$$

（アルデヒド　　　　アルコール　　　　ヘミアセタール
またはケトン）

　ほとんどの鎖状ヘミアセタール（アルデヒド性ヒドロキシ基）は不安定であるが，5または6員環の環状ヘミアセタールは安定である。15.3節で述べる糖はおもに環状ヘミアセタール構造で存在している。

2) アミンとの反応

　第1級アミン（17.2節）と，アルデヒドまたはケトンからイミンが生成する。糖尿病などで重要な糖化タンパク質が生じる反応である。

$$R-\ddot{N}H_2 + \underset{R''}{\overset{R'}{>}}C=O \longrightarrow R-\underset{H}{\overset{R'}{N}}-\overset{R'}{\underset{R''}{C}}-OH \xrightarrow{H^+} R-\underset{H}{N}=\underset{R''}{\overset{R'}{C}} + H_2O$$

イミン（シッフ塩基）

　その他，いろいろな求核剤による付加反応が可能である。一方，部分負電荷を有する酸素には求電子剤の反応が起こるため，アルデヒドとケトンはさまざまな化合物を生成することができる。

　アルデヒドとケトンの反応性を比較した場合，一般的にはアルデヒドの方が反応しやすい。その理由は電子的効果と立体的効果のためである。カルボニル基についているアルキル基は，カルボニル炭素に電子を供給し，正の電荷を減少させて安定化する。ケトンはアルキル基を二つもっているため，その効果がアルデヒドより大きくなり，求核剤の反応性が低くなる。また，アルキル基は，水素に比べて大きな構造体であるため，反応物質の接近が困難となる立体障害が起こりやすい。そのためケトンは，アルデヒドよりも反応性が低いものが多い。

15.3　炭水化物―糖質―

(1) 構造と名称　炭水化物は，生体を構成する重要な物質の一つである

15.3 炭水化物 —糖質—

糖質の一般名である。その定義は，アルデヒド基あるいはケトン基を有する多価アルコール，および加水分解によってこれらの化合物を生成することができる化合物となる。

1）単　糖　すべての糖質の基本構造単位は単糖であり，一般式は $C_n(H_2O)_n$ となる。つまり，炭水化物は炭素と水からなる化合物である。アルデヒド基を有する糖をアルドース，ケトン基を有する糖をケトースと呼ぶ。単糖は，炭素の数から表 15.1 のように分類されている。核酸の構造体である五炭糖のリボース，エネルギー代謝の原料となる六炭糖のグルコースは特に重要である。

表 15.1　おもな単糖類（炭素数による分類）

炭素数	総称名称（英語名）	おもな化合物名
3	三炭糖（トリオース）	グリセルアルデヒド ジヒドロキシアセトン
4	四炭糖（テトロース）	エリスロース スレオース
5	五炭糖（ペントース）	リボース アラビノース キシロース
6	六炭糖（ヘキソース）	グルコース（ブドウ糖） フルクトース（果糖） マンノース ガラクトース

最も簡単な単糖は，炭素が三つの三炭糖であり，グリセルアルデヒドとジヒドロキシアセトンである。

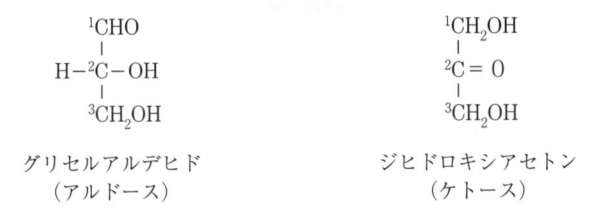

```
    ¹CHO                ¹CH₂OH
     |                    |
H－²C－OH              ²C＝O
     |                    |
    ³CH₂OH              ³CH₂OH

グリセルアルデヒド    ジヒドロキシアセトン
 （アルドース）         （ケトース）
```

グリセルアルデヒドの真ん中の炭素（C2 位）には，アルデヒド基 -CHO，水素 -H，ヒドロキシ基 -OH とメタノール基 -CH$_2$OH という，4 種類の異なった原子・官能基がついている。つまりその炭素は不斉炭素であり，13 章

(13.2.6項参照)で述べたように,グリセリドアルデヒドには光学異性体が存在することになる。光学異性体はR (rectus, 右), S (sinistrus, 左) で表記するのが一般的であるが,生命を構成する糖やアミノ酸では,R,Sの代わりにD (dextro, 右), L (levo, 左) という接頭語をつけて区別している。その命名は,下図の位置関係に基づいている。

D-グリセルアルデヒド　　　　　　L-グリセルアルデヒド

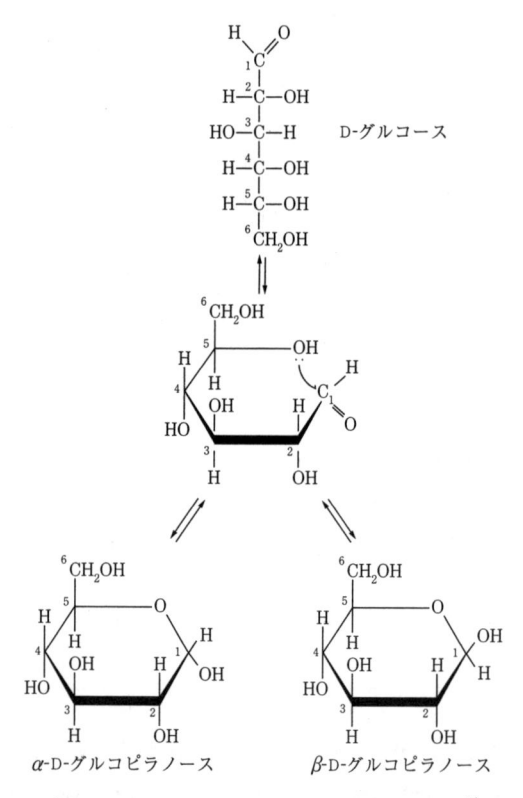

図15.2　D-グルコースの二つの環状型の形成 [27)]

15.3 炭水化物 —糖質—

六炭糖のグルコースの場合，不斉炭素は4個あるため，立体異性体が 2^4 = 計16個存在する。D, L の区別は，グリセルアルデヒドの構造を基本として命名している。ケトースの六炭糖では不斉炭素が三つであり，2^3 = 計8個の異性体となる。結局，$C_6H_{12}O_6$ の化学式をもつ糖は24個存在することになる。しかし，自然界にはD体しか存在しないので，その半分の12個である。

アルデヒドはアルコールと反応し，ヘミアセタールが生じることを前節で学んだ。分子内にアルデヒド基とヒドロキシ基が存在している場合，分子内反応によって五員環または六員環の環状ヘミアセタールが容易に生成する。D-グルコースを例にとると，**図15.2** に示したようにC5位のヒドロキシ基がC1位のアルデヒド基に反応して，分子内ヘミアセタールを形成する。このときC1位のヒドロキシ基の位置により二つの構造ができる。C6位の炭素と同じ側を β，反対側を α と名付けている。25℃の水溶液中では，36％が α 型，64％が β 型であり，アルデヒド型（開環型）もわずか0.02％であるが，存在している。

2）二　糖　ヘミアセタールとアルコールは，**図15.3** のように脱水反応を起こし，結合体を形成することができる。この結合構造をグリコシド結合

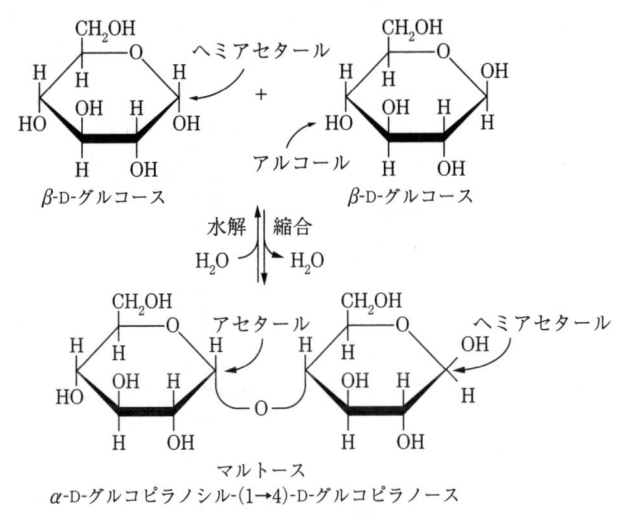

図15.3　二糖（マルトース）の生成[27]

と呼ぶ。単糖が二つ結合したものを二糖と呼ぶ。D-グルコースが2個結合したマルトース（麦芽糖），D-グルコースとD-フルクトースからなるスクロース（ショ糖），D-グルコースとD-ガラクトースからなるラクトース（乳糖）などがある。グリコシド結合は，一見したところエーテル結合の形であるが，アルデヒド性ヒドロキシ基であるヘミアセタールが関与しているため，その結合はエーテルに比べて弱い。そのため，加水分解によってわりと容易に元の単糖に戻ることができる。

3）多　　糖　マルトースにはヘミアセタールが一つ残っているため，さらに他のグルコースのヒドロキシ基と反応し，三つ，四つとつながり，大きな分子を形成することができる。このように，単糖が結合し高分子となったものを多糖と呼ぶ。図15.4のように，α型グルコースばかりが$\alpha(1\to4)$結合を繰り返したものがアミロースとなる。C6位のヒドロキシ基と結合した場合，枝分かれの構造体となる。これをアミロペクチンと呼ぶ。デンプンはアミロー

デンプンを構成するアミロース　　$\alpha(1\to4)$

$\beta(1\to4)$　セルロース

デンプンを構成するアミロペクチン

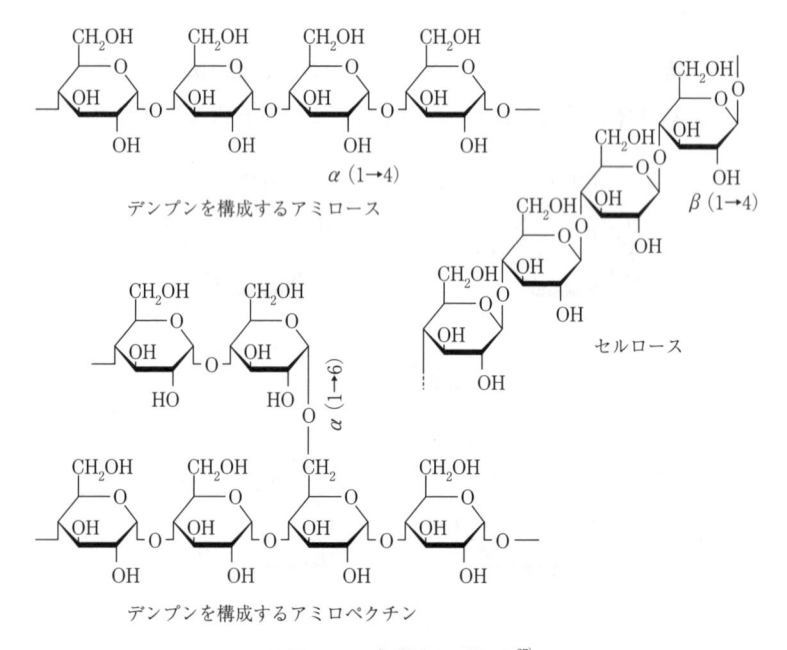

図15.4　多糖類の構造[27]

スとアミロペクチンの混合物である。グリコーゲンは，アミロペクチンよりもさらに高度に分岐した構造体である。β-D-グルコースが$\beta(1\rightarrow 4)$結合を繰り返し，分岐構造をもたない場合はセルロースとなる。

　多糖には，アミロースやセルロースのように，1種類の単糖から形成されたものと，多種類の単糖から形成されたものがある。前者をホモ多糖，後者をヘテロ多糖と呼ぶ。それぞれに，直鎖構造と分岐構造のものがあり，多糖にはいろいろなものがある。

　（2） **性質と反応**　単糖はヒドロキシ基を多くもち水との水素結合が可能なため，水によく溶ける。エタノールにはわずかに溶けるだけであり，ジエチルエーテルなどの無極性の溶媒には溶けない。二糖も同じような溶解性をもっているが，多糖はその構造によって溶解性が異なっている。直鎖状構造であるセルロースは，分子同士が配列した構造，すなわち結晶構造を形成するため，水に不溶となる。同じグルコースの重合体であるアミロペクチンやグリコーゲンは分岐構造をもつため水が周りを囲み，ゲル構造をつくることができる。なお，高分子体の構造とその物性については，20章において詳しく述べる。

　単糖はカルボニル基とアルコール基をもっているため，アルデヒド，ケトンおよびアルコールに特徴的なタイプの反応をすることができる。グルコースなど環状構造を形成している単糖では，アルデヒド基は形成されていない。しかし，わずかではあるが存在するアルデヒド基を有する鎖状構造体は環状構造体と平衡関係にあるため，反応が進むと平衡がずれて，すべての糖が費やされるまでアルデヒドに特徴的な反応を起こすことができる。

　1）単糖の酸化反応　アルドースの酸化は容易であり，フェーリング試薬（酒石酸と錯化したCu^{2+}）などの緩和な酸化剤と反応する。アルドースから形成されたカルボン酸はアルドン酸と呼ばれ，D-グルコースはD-グルコン酸となる。この酸化反応では銅イオンは還元されるため，フェーリング試薬などに陽性を示す糖を還元糖と呼んでいる。

　2）単糖の還元反応　アルドースとケトースのカルボニル基はともに各種の還元剤により還元され，ヒドロキシ基が生成される。還元生成物のポリ

オールは一般にアルジトールと呼ばれる。

3）単糖のエステル化反応　単糖のヒドロキシ基も酸と縮合してエステルを形成できる。リン酸や硫酸などの無機の酸ともエステルを形成する。硫酸基が結合した多糖は，コンドロイチン硫酸やヘパリンなど，生体分子として多くみられる。リン酸が結合した糖は，核酸やATPの構造体となる。

4）糖のアミン基との反応　アルドースおよびケトースのカルボニル基はアミノ基と縮合反応を生じる。タンパク質やアミノ酸のアミノ基との反応は，メイラード反応と呼ばれている。この反応は最初にシッフ塩基を形成し，さらに複雑な反応を繰り返して，最終的に褐色の生成物を形成する一連の反応を意味している。最終的な化合物の構造はわかっていない。醤油やキャラメルなど食品の褐色は，この反応によって生成する。また，この反応は体の中でも起こり，タンパク質の糖化（グリケーション）として，糖尿病や老化との関連が議論されている。

5）グリコシド結合生成反応　二糖，および多糖などの生成に重要な反応であり，すでに述べた。

ま と め

1. アルコール，フェノール，エーテル，アルデヒド，ケトンは，炭素，水素のほかに酸素が入った有機化合物である
2. アルコールはヒドロキシ基があるため，水との親和性が高くなり，また反応性も高い
3. アルデヒドやケトンは，カルボニル基があるため，水との親和性が高くなり，または反応性も高い
4. 糖は，アルデヒド基あるいはケトン基を有する多価アルコールの化合物である
5. 糖の基本構造体は単糖であり，炭素の数が五つ以上の場合，五員環または六員環の環状ヘミアセタール構造を形成しやすい
6. 環状ヘミアセタール形状の糖は，グリコシド結合を形成し，たがいにつながることができる

演習問題

15.1 アルコールの性質は同じ炭素数を有する炭化水素と大きく異なっている理由を述べ，また，その性質がどのように異なっているか述べよ。

15.2 アルコールの酸性度は置換基によって変化する理由を述べよ。

15.3 アルコールのエステル形成反応とはなにか述べよ。

15.4 アルデヒドがいろいろな化合物と反応する理由を述べよ。

15.5 糖質の定義を述べよ。

15.6 D-グルコースで二つの環状構造となる理由を述べよ。

15.7 グリコシド結合とはなにか述べよ。

コーヒーブレイク

ラクトース不耐症

ラクトースは，グルコースとガラクトースから形成された二糖です。乳中に含まれるため，乳糖 (milk sugar) とも呼ばれています（**図16**）。ヒトの腸内で，ラクターゼという酵素によりグルコースとガラクトースに分解され，吸収されます。しかし，成人の一部では，このラクターゼを欠損しています。その人たちが牛乳を飲むと，ラクトースは吸収されずに小腸に蓄積してしまいます。その結果，腸内細菌の作用を受け，水素ガス，二酸化炭素や各種の有機酸が生成してしまいます。これらの物質が原因となり，お腹がごろごろしたり，下痢などを起こしてしまうわけです。しかし，牛乳に弱い人でも大丈夫という牛乳が販売されています。その牛乳は製造の過程でラクターゼを加え，乳糖を分解しています。

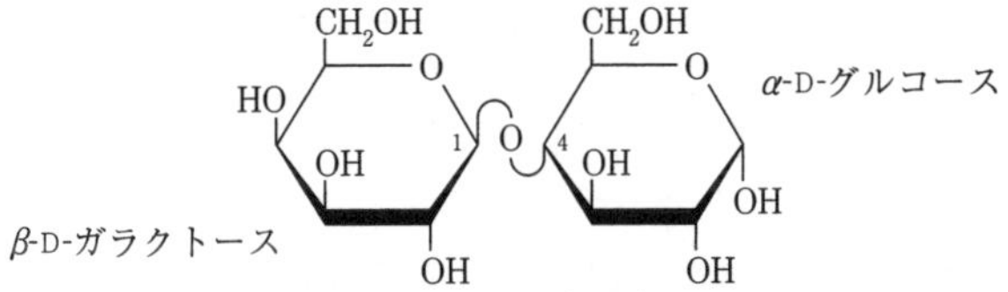

ラクトース（α型）
β(1→4) グリコシド結合

図16 ラクトースの構造

16 炭素，水素と酸素からなる有機化合物（2）

食物の健康への影響についての関心が増え、イワシなどの青魚の油に含まれている脂肪酸は体にいいなどと、脂肪酸の良し悪しがいわれることが多い。その脂肪酸とは脂質を構成している化合物で、カルボン酸に分類される。カルボン酸は、脂質のみならず、細胞膜とタンパク質を理解するうえでも重要な化合物である。

16.1 カルボン酸

（1）構造と名称　カルボン酸とは，官能基としてカルボキシ基をもつ化合物である。この名称は，二つの構成成分であるカルボニル基とヒドロキシ基の名称を合わせて縮めたものである。カルボン酸の一般式は，つぎのような広がった形や省略した形で書くことができる。

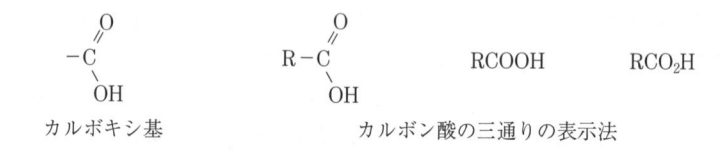

$$-C\overset{O}{\underset{OH}{\diagup}} \qquad R-C\overset{O}{\underset{OH}{\diagup}} \qquad RCOOH \qquad RCO_2H$$

カルボキシ基　　　　　　カルボン酸の三通りの表示法

カルボン酸は自然界に豊富に存在しているため，慣用名をもつカルボン酸が数多く存在している。これらの慣用名は，ラテン語やギリシャ語に由来することが多い。**表 16.1** には，炭素数 1 から 10 までの直鎖状カルボン酸の慣用名と IUPAC 名を挙げた。

（2）性質と反応　カルボン酸は，カルボニル基とヒドロキシ基がそれぞれ水分子と水素結合を形成できるため，同程度の分子量をもつアルコール，アルデヒドやケトンに比べて水によく溶ける。分子量の小さい 4 種のカルボン酸

16.1 カルボン酸

表 16.1　脂肪族カルボン酸[28]

炭素数	構造式	語源（含有物）	慣用名	IUPAC 名
1	HCOOH	蟻（ラテン語, fornica)	ギ酸 (formic acid)	メタン酸 (methanoic acid)
2	CH_3COOH	食酢（ラテン語, acetum）	酢酸 (acetic acid)	エタン酸 (ethanoc acid)
3	CH_3CH_2COOH	ミルク（ギリシャ語, protos pion, 最初の脂肪）	プロピオン酸 (propionic acid)	プロパン酸 (propanoic acid)
4	$CH_3(CH_2)_2COOH$	バター（ラテン語, butyrum）	酪酸 (butyric acid)	ブタン酸 (butanoic acid)
5	$CH_3(CH_2)_3COOH$	吉草根（ラテン語, valere, 強く）	吉草酸 (valeric acid)	ペンタン酸 (pentanoic acid)
6	$CH_3(CH_2)_4COOH$	山羊（ラテン語, caper）	カプロン酸 (caproic acid)	ヘキサン酸 (hexanoic acid)
7	$CH_3(CH_2)_5COOH$	ぶどうの花（ラテン語, oenanthe）	エナンチン酸 (enanthic acid)	ヘプタン酸 (heptanoic acid)
8	$CH_3(CH_2)_6COOH$	山羊（ラテン語, caper）	カプリル酸 (caprylic acid)	オクタン酸 (octanoic acid)
9	$CH_3(CH_2)_7COOH$	てんじくあおい（こうのとりのような形をしたさやをもつ薬草。ギリシャ語, pelargos, こうのとり）	ペラルゴン酸 (pelargonic acid)	ノナン酸 (nonanoic acid)
10	$CH_3(CH_2)_8COOH$	山羊（ラテン語, caper）	カプリン酸 (capric acid)	デカン酸 (decanoic acid)

（ギ酸，酢酸，プロピオン酸，酪酸）は，水にいくらでも溶ける。アルキル鎖が大きくなるにつれ，カルボン酸の水溶性は低下する。ヘキサン酸（炭素数6）の水に対する溶解度は 1.0 g/水 100 g であるが，デカン酸（炭素数10）になると，その溶解度は 0.2 g/水 100 g に減少する。

カルボニル基とヒドロキシ基は水素結合をつくることができるため，二つのカルボン酸が結びつけられた二量体として存在する。そのため同じ分子量のアルコールより，沸点が高くなる。

$$R-\overset{O\cdots H-O}{\underset{O-H\cdots O}{C}}\overset{}{\underset{}{C}}-R$$

カルボン酸の二量体における水素結合

16. 炭素，水素と酸素からなる有機化合物（2）

　カルボン酸は同じヒドロキシ基をもつアルコールに比べ，プロトン（H^+）を解離しやすく，酸性が強い。アルコールより強い酸性を示す理由は，カルボン酸の -OH 基がそれ自身強く分極している炭素–酸素二重結合，すなわちカルボニル基の炭素に直結しているためである。カルボニル基の炭素は正電荷が大きいため，強く電子を吸引し，ヒドロキシ基の分極を強めている。その結果，カルボン酸の -OH はアルコールの -OH に比べて，より容易にイオン化する。また，イオン化して生じるアニオンは，炭素に二つの酸素が結合した構造であり，安定性が高いこともイオン化が生じやすい理由である。

　カルボン酸の酸度は，置換基によって大きな影響を受ける。特に α 炭素（カルボン酸が結合している炭素）に電気陰性度が大きな原子や官能基が結合すると，酸度が高くなる。フッ素が三つ結合したトリフルオロ酢酸は，酢酸よりも 33 000 倍以上強い酸となる。

$$
\begin{array}{cc}
\mathrm{H} & \mathrm{O} \\
| & \| \\
\mathrm{H-C-C-O-H} \\
| \\
\mathrm{H}
\end{array}
\qquad
\begin{array}{cc}
\mathrm{F} & \mathrm{O} \\
| & \| \\
\mathrm{F-C-C-O-H} \\
| \\
\mathrm{F}
\end{array}
$$

酢酸　　　　　　　　　トリフルオロ酢酸

　カルボン酸はカルボニル基とヒドロキシ基をもっているため，きわめて反応性に富んでいる。カルボン酸の反応によって生じる生成物のうち，ヒドロキシ基が他の原子や官能基に置換したものを**カルボン酸誘導体**と呼ぶ。ハロゲン原子が結合した酸ハロゲン化物（ハロゲン化アシル），二つのカルボン酸から水が取れて形成されるカルボン酸無水物，アルコールとの反応で生じるエステル，17 章で述べるアミンとの反応で生じるアミドなどであるが，生命体においてはエステルとアミドが最も重要である。

1）エステル形成反応　エステルはカルボン酸の -OH 基を -OR 基で置換した構造となる。アルコールとの反応で水が取れる脱水縮合反応によって形成される。

$$R'-\overset{\overset{O}{\|}}{C}-OH \ + \ H-O-R \ \longrightarrow \ R'-\overset{\overset{O}{\|}}{C}-O-R \ + \ H_2O$$

エステルの命名法は，最初に -OR 基の R 部分の名称を書き，つぎに酸の語尾 -ic を -ate に変えた名称をそのあとに続ける。日本語名はこの逆で，はじめにカルボン酸の名前を書き，つぎに R 部分の名称を続ける。例えば酢酸 CH_3COOH とエチルアルコール C_2H_5OH のエステル名はエチルアセテート，酢酸エチルである。

エステルは炭素–酸素結合を有するので極性をもつが，ドナー水素をもたないので分子間水素結合を形成しない。そのため，同じくらいの分子量をもつカルボン酸やアルコールよりも沸点は低い。しかし，水分子の水素とは水素結合を形成するため，炭素鎖が短いエステルは少量ではあるが水に溶ける。エステルは，16.2 節の中性脂肪や 18 章で述べる細胞膜の構造体である。

2）アミド形成反応　カルボン酸とアミンとの脱水縮合反応によってアミドが形成される。アミドの英語名は酸の名称の語尾 -ic acid（慣用名）または -oic acid（IUPAC 名）を -amide に置き換えるか，末尾の -カルボン酸（-carboxylic acid）を -カルボキサミド（-carboxamide）に置き換えることにより命名する。

$$R-\overset{\overset{O}{\|}}{C}-OH \ + \ H-\overset{\overset{H}{|}}{N}-R' \ \longrightarrow \ R-\overset{\overset{O}{\|}}{\underset{}{C}}-\underset{\underset{H}{|}}{N}-R' \ + \ H_2O$$

カルボン酸　　　　　アミン　　　　　　アミド

アミド結合はタンパク質の基本構造体であり，17 章で詳しく述べる。

16.2　トリアシルグリセロール（トリアシルグリセリン）とワックス

（1）構造と名称　トリアシルグリセロールとワックスは，ともにカルボン酸とアルコールのエステルであり，単純脂質とも呼ばれる。脂質は，「生物が有する有機化合物のうち，水に不溶でエーテルなどの有機溶媒に溶ける物

質」と定義され，1) 単純脂質，2) 複合脂質，3) 誘導脂質に分類されている。複合脂質は細胞膜に用いられている脂質である。リンを含んだ脂質であり，17章で述べる。誘導脂質は単純脂質や複合脂質から合成される物質や前駆物質であり，脂肪酸，高級アルコール，アラキドン酸（不飽和脂肪酸の一つ）から誘導されるプロスタグランジンやロイコトリエン，ステロイド類などが含まれている。ステロイドはコレステロールやステロイドホルモンなどを含み，その特徴的な構造から融合環脂質とも呼ばれている。誘導脂質は単純脂質と同様に，炭素，水素と酸素からなる化合物である。

トリアシルグリセロールは動物脂肪や植物油の成分であり，グリセロールの三つのヒドロキシ基それぞれに長鎖カルボン酸が結合したトリエステルである。

$$\begin{array}{c} CH_2-OH \\ | \\ CH-OH \\ | \\ CH_2-OH \end{array} + \begin{array}{c} R_1-COOH \\ R_2-COOH \\ R_3-COOH \end{array} \longrightarrow \begin{array}{c} CH_2-O-\overset{O}{\underset{\|}{C}}-R_1 \\ | \\ CH-O-\overset{O}{\underset{\|}{C}}-R_2 \\ | \\ CH_2-O-\overset{O}{\underset{\|}{C}}-R_3 \end{array} + 3H_2O$$

グリセロール　　　脂肪酸　　　　　　　　トリアシルグリセロール

長鎖カルボン酸は脂肪酸と呼ばれており，油脂を NaOH 水溶液で加水分解することにより，遊離させることができる。これまでに100種類以上の異なる脂肪酸が同定されている。代表的な脂肪酸を**表16.2**に示す。

脂肪酸は，炭化水素鎖がすべて飽和されているものと，不飽和結合を有しているものに大別できる。パルミチミン酸（C_{16}）とステアリン酸（C_{18}）が最も存在比の大きな飽和脂肪酸である。また，不飽和脂肪酸では，オレイン酸とリノール酸（両方とも C_{18}）が最も多く存在している。生物系に存在するこれらの脂肪酸は通常偶数個の炭素原子を含み，枝分かれしていない。

ワックスは，長鎖脂肪酸とヒドロキシ基を一つ有する長鎖アルコールとのエステルである。脂肪酸は通常，16〜36の偶数個の炭素からなり，長鎖アル

16.2 トリアシルグリセロール(トリアシルグリセリン)とワックス

表 16.2 代表的な脂肪酸[26]

名　　称	炭素数	構　　造	融点〔℃〕
飽　和			
ラウリン酸	12	$CH_3(CH_2)_{10}CO_2H$	44
ミリスチン酸	14	$CH_3(CH_2)_{12}CO_2H$	58
パルミチン酸	16	$CH_3(CH_2)_{14}CO_2H$	63
ステアリン酸	18	$CH_3(CH_2)_{16}CO_2H$	70
アラキジン酸	20	$CH_3(CH_2)_{18}CO_2H$	75
不飽和			
パルミトレイン酸	16	$CH_3(CH_2)_5CH=CH(CH_2)_7CO_2H$ (*cis*)	-0.1
オレイン酸	18	$CH_3(CH_2)_7CH=CH(CH_2)_7CO_2H$ (*cis*)	13
リノール酸	18	$CH_3(CH_2)_4CH=CHCH_2CH=CH(CH_2)_7CO_2H$ (*cis,cis*)	-9
リノレン酸	18	$CH_3CH_2(CH=CHCH_2)_3(CH_2)_6COOH$	-17
アラキドン酸	20	$CH_3(CH_2)_4(CH=CHCH_2)_4CH_2CH_2CO_2H$ (全 *cis*)	-50

コールの方は 24 ～ 36 の偶数個の炭素からなっている。例えば，ミツロウの主成分は C_{16} のカルボン酸と C_{30} のアルコールのエステルである。

$$CH_3(CH_2)_{14}-\overset{O}{\underset{\|}{C}}-O-(CH_2)_{29}CH_3$$

ヘキサデカン酸トリアコンチル
(ミツロウの主成分)

(2) 性質と反応　トリアシルグリセロールの物理的性質は，脂肪酸の種類に関係している。表 16.2 に示されているように，通常，脂肪酸の融点は炭素数が増すほど，また二重結合が少ないほど高くなる。トリアシルグリセロールでも同じ傾向となる。植物油は動物脂肪に比べて不飽和脂肪酸の割合が一般に大きいため，融点が低くなる。この違いは**図 16.1** に示した構造の差に起因している。図 (a) の飽和脂肪酸のアルキル基は直鎖状になることができ，図 (c) に示したようにたがい近くに寄ることが可能であり，固体となりやすい。一方，図 (b) の不飽和結合は炭化水素鎖を曲げてしまうため，図 (d) に示されているようにたがいの配列が困難となるためである。なお，油とは室温で液体状態の脂質であり，脂肪とは固体状態の脂質を意味している。

(a) カルボキシル基　　　　　　　(b)

(c) 飽和脂肪酸　　　　　(d) 飽和脂肪酸と不飽和脂肪酸の混合物

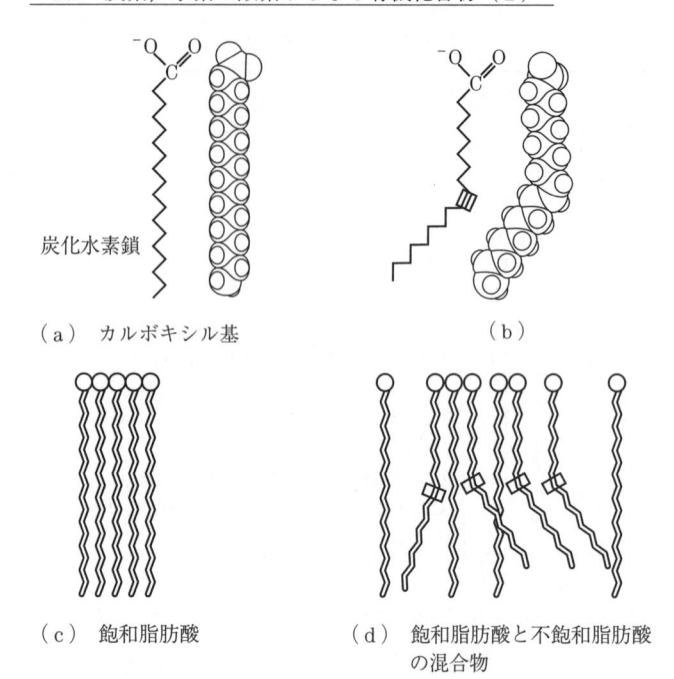

図16.1　飽和脂肪酸と不飽和脂肪酸の立体構造と集合

1) 不飽和脂肪酸の水素化反応　トリアシルグリセロールの不飽和脂肪酸の炭素-炭素二重結合へ水素を付加し，飽和脂肪酸に変えることができる。この反応は，アルケンをアルカンに水素化する場合と同じ方法で行われる。この反応により，液状の油を固形の脂肪にすることができ，硬化と呼ばれている。食用油からマーガリンを製造する方法として行われている。

2) けん化反応　セッケンの製造　脂肪や油を水酸化ナトリウム水溶液中で加熱すると，加水分解し，脂肪酸とグリセリンになる。塩析により脂肪酸を固めると脂肪酸のナトリウム塩が得られるが，これがセッケンである。セッケンを製造するこの反応を，ケン化反応と呼んでいる。

セッケンを水に混和すると，脂肪酸は集合しミセルと呼ばれる球体状となる。なぜならば，脂肪酸は疎水性のアルキル基と親水性のカルボキシル基を合わせもつためである。このような性質をもつ分子を両親媒性分子と呼ぶ。アル

キル基は水から排斥され，たがいが集まり，表面に親水性のカルボキシ基を配した集合体となる。表面には親水性構造体が並んでいるため，ミセルが水に混濁した状態となる。このとき油などの疎水性物質があった場合，その物質はセッケンのミセル内に取り込まれ，水によって分散される。この過程がセッケンの洗浄作用である。

まとめ

1. カルボン酸は官能基としてカルボキシル基をもつ化合物である
2. カルボン酸はプロトンを解離しやすく，酸性が強く，その酸度は置換基によって大きな影響を受ける
3. カルボン酸は反応性が高く，アルコールとの反応でエステルとなり，アミンとの反応でアミドを形成する
4. エステルは脂質において重要であり，アミドはタンパク質の繰り返し構造体となる
5. 単純脂質と呼ばれるトリアシルグリセロールは，脂肪酸と呼ばれる長鎖カルボン酸とグリセロールの間に三つのエステル結合を形成した化合物である

演習問題

16.1 カルボン酸は同程度の分子量をもつアルコールやアルデヒドに比べ水に解けやすい理由を述べよ。

16.2 カルボン酸が同じヒドロキシ基を有するアルコールよりも酸性が強い理由を述べよ。

16.3 カルボン酸の酸性度が置換基によって大きく変化する理由を述べよ。

16.4 脂質の定義を述べよ。

16.5 単純脂質とはなにか。

16.6 不飽和脂肪酸を有する単純脂質が、飽和脂肪酸だけで形成された単純脂質より融点が低い理由を述べよ。

コーヒーブレイク

松茸のかおり

　松茸は何といっても香りが命です。松茸の香り成分として60種類以上の化合物が報告されていますが、一番の成分は桂皮酸メチルです（**図17**）。桂皮酸メチルは、桂皮酸というカルボン酸とメチルアルコールが結合したエステルです。エステルは酸やアルコールよりも揮発性が高く、気体になる性質があり、香りやすくなるのです。また、エステルは松茸だけではなく、果物や花の香りの主成分になっています。バナナは酢酸アミル、パイナップルや桃は酪酸エチルなどです。さらに桃はヘプタン酸エチルがあって独特の香りとなっています。インスタントの松茸味のお吸い物は、本物の松茸の香りではなく、人工的に作られた桂皮酸メチルだったのです。残念でした。

桂皮酸メチル

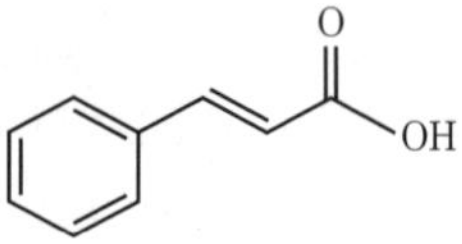

酢酸アミル

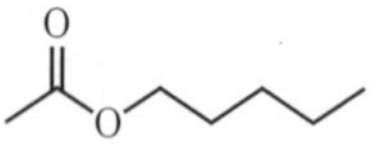

酪酸エチル

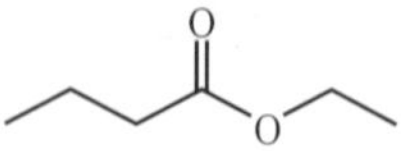

図17　果物や花の香りの主成分—エステル—

17 リンや窒素を含む有機化合物 (1)

　植物の肥料の主要成分は，カリウム，有機窒素とリン酸である。生物にとって窒素やリンは非常に重要な元素であり，リンや窒素を含んだ有機化合物は非常に重要な役割を果たしている。それら多くの化合物の中で，本章では，リン脂質，アミン，アミノ酸とタンパク質について述べる。リン脂質は細胞膜の主要成分である。アミンとアミノ酸はタンパク質を理解するために重要である。

17.1　リ ン 脂 質

（1）**構造と名称**　トリアシルグリセロール（トリアシルグリセリン）(16.2節) の一つのエステルが，脂肪酸とではなくリン酸とエステル結合した化合物は，ホスファチジン酸と呼ばれる。リン酸は三塩基酸（供与し得る H^+ を三つもつ酸）であるため，1個以上のエステルを形成することができる。そのためリン酸分子は一方でグリセロールとエステル結合し，もう一方で別のアルコールとエステル結合してホスファチジルエステルを形成する。この化合物をホスホアシルグリセロールと呼ぶ。リンを含んだ脂質であるためグリセロリン脂質が正式名であるが，一般にはリン脂質と呼ばれている。

　グリセロリン脂質の中で特に重要な脂質はXの部分，つまり結合したアルコールが**表 17.1** に示した親水性の頭部をもった化合物である。これらのグリセロリン脂質は，細胞膜の構成物質となる。なお，グリセロリン脂質中の脂肪酸には多くの種類がある。例えばホスファチジルコリンといっても，それぞれ特有な脂肪酸をもった多くの分子種がある。

17. リンや窒素を含む有機化合物（1）

表 17.1 代表的なグリセロリン脂質

X－OH の名称	X の構造式	グリセロリン脂質の名称
エタノールアミン	$-CH_2CH_2NH_3^+$	ホスファチジルエタノールアミン
コリン	$-CH_2CH_2N(CH_3)_3^+$	ホスファチジルコリン（レシチン）
セリン	$-CH_2CH(NH_3^+)COO^-$	ホスイファチジルセリン
グリセロール	$-CH_2CH(OH)CH_2OH$	ホスファチジルグリセロール
イノシトール	（シクロヘキサン環構造式）	ホスファチジルイノシトール

$$\begin{array}{l} CH_2-O-\overset{O}{\underset{\|}{C}}-R_1 \\ CH-O-\overset{O}{\underset{\|}{C}}-R_2 \\ CH_2-O-\overset{O}{\underset{\|}{P}}-OH \\ O^- \end{array}$$

ホスファチジン酸

$$\begin{array}{l} CH_2-O-\overset{O}{\underset{\|}{C}}-R_1 \\ CH-O-\overset{O}{\underset{\|}{C}}-R_2 \\ CH_2-O-\overset{O}{\underset{\|}{P}}-O-X \\ O^- \end{array}$$

ホスホアシルグリセロール
（グリセロリン脂質）

（2）性　質　細胞膜を構成しているグリセロリン脂質は，脂肪酸と同様に両親媒性分子である。脂肪酸は水中でミセル構造を形成し，セッケンとなった。脂肪酸の場合，炭化水素鎖が一つであり，親水性の頭に比べて疎水性の尻尾が細い構造体であるため，**図 17.1（a）** に示したミセルという丸く小さな構造しかつくれない。一方，グリセロリン脂質は疎水性の炭化水素鎖が 2本ついている。そのためミセル構造だけではなく，条件によっては図（b）に示したように炭化水素鎖同士が向かい合って配向した二重膜構造も形成でき脂質二重層と呼ばれる。脂質二重層は全体としては図（c）に示したようにリ

(a) ミセル	(b) 二重層	(c) リポソーム

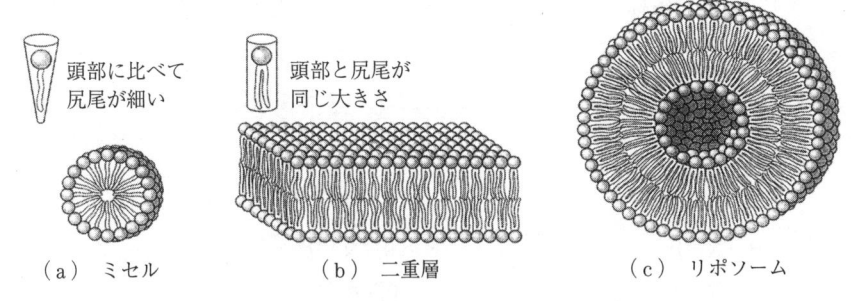

図17.1 水中で形成される両親媒性脂質集合体[27]

ポソームという球面体構造となりこれが細胞膜の構造体である。その表面は内外ともに親水性であり，内部は疎水性の構造体となる。なお，細胞膜については18章において詳しく述べる。

17.2 アミン

生体を構成する元素のうち，窒素はC, H, Oについで4番目に一般的な元素である。17.3節で述べるアミノ酸やタンパク質，18.1節の核酸のRNAやDNAの中に含まれている。窒素原子は5個の最外殻電子をもち，3個の電子は炭素原子や水素原子と共有結合するのに用いられている（7.2.2項）。窒素原子は，炭素原子との間の単結合によりアミンまたはアミドとなり，二重結合によりイミンを，さらに三重結合によりニトリルを形成する。本節ではアミンについて述べる。アミドは16.1節のカルボン酸で触れたが，17.3節のタンパク質においてさらに詳しく述べる。ニトリルとイミン（アルデヒドとアミンの反応）（15.2節）の詳細については省略する。

$$R-NH_2 \qquad R-\overset{O}{\underset{NH_2}{C}} \qquad R-\overset{N-H}{\underset{H}{C}} \qquad R-C\equiv N$$

アミン　　　　アミド　　　　イミン　　　　ニトリル

（1） 構造と名称　アミンはアンモニアの有機化合物誘導体である。アンモニアの1個の水素が有機原子団で置換されたものが第一級アミンであり，2個の水素が置換されると第二級アミン，3個のすべての水素が置換されると第三級アミンと呼ぶ。

$$\underset{\text{アンモニア}}{H-\underset{\underset{H}{|}}{\overset{\overset{H}{|}}{N}}-H} \qquad \underset{\text{第一級アミン}}{R-\underset{\underset{H}{|}}{\overset{\overset{H}{|}}{N}}-H} \qquad \underset{\text{第二級アミン}}{R-\underset{\underset{H}{|}}{\overset{\overset{H}{|}}{N}}-R'} \qquad \underset{\text{第三級アミン}}{R-\underset{\underset{R'}{|}}{\overset{\overset{R'}{|}}{N}}-R''}$$

R, R', R''はアルキル基，アリル基$CH_2=CHCH_2$- のどちらでもよく，また第二級または第三級アミンの中にはアミノ基の窒素原子が環を構成しているものもある（図18.2参照）。

（2） 性質と反応　窒素と水素の結合において，窒素は水素より電気陰性度が大きく，電子は窒素の方に偏るため，アミンは極性化合物となる。また，第一級アミンと第二級アミンでは分子間で水素結合を形成できる（**図17.2**）。そのため同程度の分子量をもつ炭化水素より沸点は高くなる。第三級アミンは水素結合をつくれないため，同程度の第一級アミンや第二級アミンより沸点は低くなる。

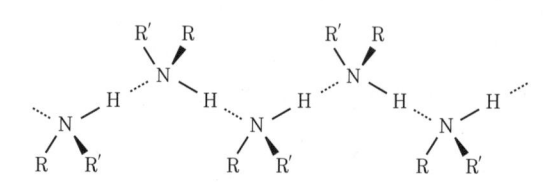

図17.2　アミンの水素結合（第二級アミンの場合）

アルコールと比べた場合，窒素は酸素より電気陰性度が小さいため，N-H結合はO-H結合よりも極性が小さく，アミンは一般にアルコールより沸点が低い。低分子量の第一級アミンと第二級アミンは水に溶ける。第三級アミンも，窒素の非共有電子対が水の水素原子の受容体となるため水素結合を形成できる。そのため炭化水素鎖が小さい場合は，水に溶解する。

アンモニアと同様に，アミンの水溶液は弱塩基性である。これは窒素原子の

非共有電子対がプロトンを受け入れるためである（11章参照）。芳香族アミンの塩基性は脂肪族アミンに比べ大きく減少する。この理由は，窒素原子上の非共有電子対がベンゼン環π電子系との相互作用により，非局在化して分散され，電子密度が大幅に減少しているためと考えられている。

アミンの窒素原子の非共有電子対は，アルデヒドの項で述べたように求核試薬として作用するため反応性が高く，いろいろな反応を生じる。その中で，カルボン酸の項で述べたアミドを形成する反応（16.1節参照）はタンパク質を形成する反応であり，生物系において特に重要な反応である。そのアミド形成反応について次節においてより詳しく述べる。

17.3 アミノ酸とタンパク質

構造と名称　アミノ酸はアミノ基とカルボキシ基の両方をもつ化合物である。同一の炭素にアミノ基とカルボキシ基が結合しているアミノ酸を α-アミノ酸と呼び，一つ隣の炭素にそれぞれが結合したものを β-アミノ酸，二つ隣りの炭素の場合は γ-アミノ酸と呼ぶ。R基を側鎖と呼び，水素がもっとも簡単な構造体となる。

$$H_3N^+ - \underset{\underset{H}{|}}{\overset{\overset{R_1}{|}}{C}} - COO^- \qquad H_3N^+ - \underset{\underset{H}{|}}{\overset{\overset{R_1}{|}}{C}} - \underset{\underset{H}{|}}{\overset{\overset{R_2}{|}}{C}} - COO^- \qquad H_3N^+ - \underset{\underset{H}{|}}{\overset{\overset{R_1}{|}}{C}} - \underset{\underset{H}{|}}{\overset{\overset{R_2}{|}}{C}} - \underset{\underset{H}{|}}{\overset{\overset{R_3}{|}}{C}} - COO^-$$

　　　α-アミノ酸　　　　　　　β-アミノ酸　　　　　　　　γ-アミノ酸

アミノ基とカルボキシ基は脱水縮合反応によりアミドを形成できることを，16.1節カルボン酸の項で述べた。アミノ酸同士が結合した場合，その末端にはアミノ基とカルボキシ基があるため，さらにアミド形成反応を起こすことができる。その結果，アミノ酸が多数つながった構造体，すなわちタンパク質が形成される。自然界では約250種類のアミノ酸が見いだされているが，タンパク質はすべて α-アミノ酸が結合したものである。タンパク質のアミド結合は α-アミノ酸による特別なものとして，ペプチド結合という名前がつけられてい

る。

　第20章で詳しく述べるが，低分子化合物が結合反応によって高分子体となる反応を重合と呼び，その高分子体を重合体とも呼ぶ。重合体はポリという接頭語をつけるため，タンパク質はポリペプチドとなるが，タンパク質とポリペプチドを区別して用いることが一般的である。アミノ酸重合体のうち比較的短いものをポリペプチドと呼び，分子量が1万以上の重合体をタンパク質と呼んでいる。ただし，これらの用語の区別は厳密なものではない。

$$H_3N^+\!-\!\underset{H}{\overset{R_1}{C}}\!-\!COO^- + H_3N^+\!-\!\underset{H}{\overset{R_2}{C}}\!-\!COO^- \rightarrow H_3N^+\!-\!\underset{H}{\overset{R_1}{C}}\!-\!\overset{O}{C}\!-\!\underset{H}{N}\!-\!\underset{H}{\overset{R_2}{C}}\!-\!COO^- + H_2O$$

ペプチド結合

17.3.1　タンパク質のアミノ酸

　タンパク質に使われている α-アミノ酸は通常20種類に限られている。これら20種類のアミノ酸を図17.3に示した。第二級アミンで環状構造を形成しているプロリン以外はすべて第一級アミンである。これらのアミノ酸は側鎖R基によって，1）中性，2）酸性，3）塩基性に分類さることが多いが，図ではその性質をより明確とするため，グループA：非極性アミノ酸（疎水性），グループB：極性，非電荷アミノ酸（親水性），グループC：極性，電荷アミノ酸（親水性）で分類している。アミノ酸側鎖に極性があり水との親和性があるアミノ酸は親水性であり，一方，無極性の側鎖をもつアミノ酸は疎水性となる。

　グループBのセリン，トレオニン，チロシンは，ヒドロキシ基を有するアルコールでもある。ヒドロキシ基は水素結合を形成できるため，酵素にとっては重要な側鎖となる。フェニルアラニン，チロシン，トリプトファンは芳香環をもっている。芳香環は紫外線を吸収するため，タンパク質による波長280 nm付近での特徴的な吸収性の原因となっている。システィンとメチオニンは硫黄原子をもち，特にシスティン同士のジスルフィド結合（S-S結合）

17.3 アミノ酸とタンパク質

グループA：非極性アミノ酸（疎水性）
グリシン（Gly）　アラニン（Ala）　バリン（Val）　ロイシン（Leu）　イソロイシン（Ile）
メチオニン（Met）　フェニルアラニン（Phe）　トリプトファン（Trp）　プロリン（Pro）

グループB：極性，非電荷アミノ酸（親水性）
セリン（Ser）　トレオニン（Thr）　システイン（Cys）　チロシン（Tyr）　アスパラギン（Asn）　グルタミン（Gln）

グループC：極性，電荷アミノ酸（親水性）
酸性：アスパラギン酸（Asp）　グルタミン酸（Glu）
塩基性：リシン（Lys）　アルギニン（Arg）　ヒスチジン（His）

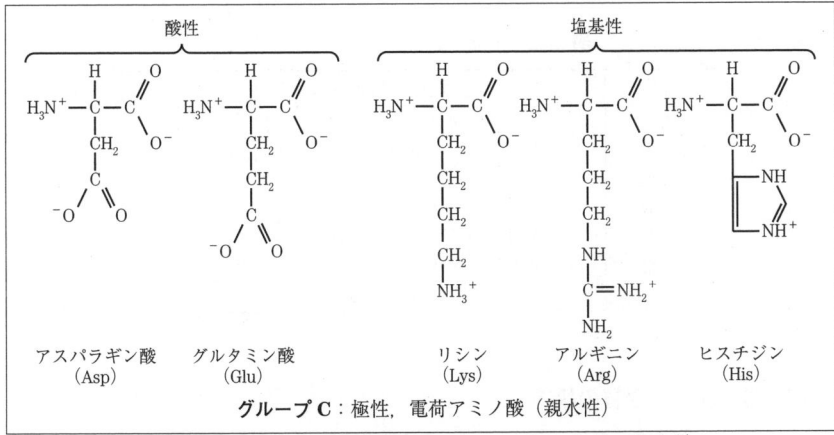

図17.3 タンパク質を構成する α-アミノ酸20種類の構造[29]

は，タンパク質の架橋形成に重要である。グループAの無極性アミノ酸は疎水性であるため，水からは排斥される。その結果，タンパク質の立体構造の内部に集まることとなり，後述するタンパク質の構造形成に大きく関わっている。

グループCの酸性アミノ酸であるアスパラギン酸とグルタミン酸はカルボン酸の側鎖をもち，中性付近のpHではH^+を解離し，負に帯電している。塩基性アミノ酸であるリシン，アルギニン，ヒスチジンは側鎖に窒素を含み，中性付近のpHではH^+と結合し，正に帯電している。

α-アミノ酸は，側鎖に水素原子が結合したグリシン以外は，すべて一つの炭素に異なった4種類の原子・原子団が結合している。そのため，糖と同様に光学異性体が存在する。タンパク質はすべてL体のα-アミノ酸から構成されている。特別な触媒の作用がなければ，アミノ酸の人工的合成では，L体とD体が半分ずつ生成する。生命体はなぜL体のアミノ酸しか使っていないのか，糖ではD体のみが使われていることと合わせて，生命の不思議の一つである。

17.3.2 タンパク質の機能

タンパク質は，すでに述べたように20種類のα-アミノ酸がペプチド結合によってつながった生体高分子である。ヒトの場合，約10万種類のタンパク質があるといわれ，**表 17.2**に示したように，いろいろな機能を担っている。

表 17.2 タンパク質の機能による分類

機能	種類（代表的な例）
酵素	ペプシン，アミラーゼ，リパーゼ
輸送	アルブミン，ヘモグロビン，リポタンパク質
貯蔵	フェリチン
構造	コラーゲン，ケラチン
防御	血液凝固因子，抗体，補体
運動	アクチン，ミオシン
その他	ヒストン，受容体，膜輸送担体

17.3.3 タンパク質の構造

タンパク質のような大きな分子は，多くの異なった三次元構造（コンホメー

ション）が可能である。タンパク質の構造は複雑であるため，**図 17.4** に示した四つのレベルで一般に定義されている。

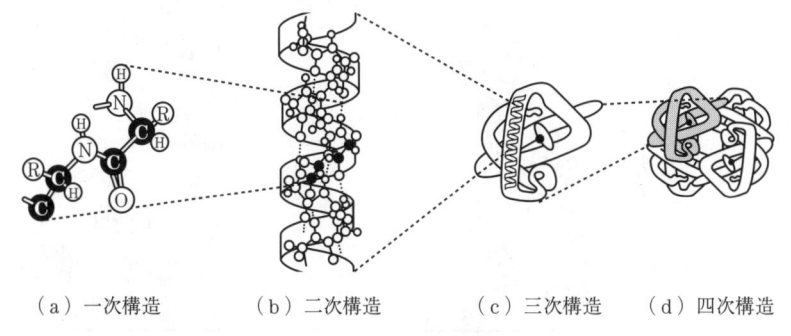

（a）一次構造　　　（b）二次構造　　　（c）三次構造　　　（d）四次構造

図 17.4　タンパク質構造の四つの階層 [29)]

その配列の表記は，遊離のアミノ基をもつ N 末端（N-terminal）アミノ酸残基から読み始め，順に配列に従い，最後に遊離カルボキシ基をもつ C 末端（C-terminal）アミノ酸残基で読み終わる。

二次構造は，ポリペプチド鎖の部分的な三次元構造である。α-らせん構造と β-シート構造と呼ばれる周期的な構造であり，**図 17.5** に示した。

これらの構造を形成する理由は二つある。一つ目の理由を**図 17.6** に示した。

α-炭素と窒素および α-炭素とカルボン酸炭素の結合は sp^3 混成で結ばれているため，回転が可能である。一方，ペプチド結合の C–N 結合は一重結合にみえるが，実際には二重結合性をもっており回転できない。ペプチド結合はいわば板状の構造体なのである。そのため，板が少しずつずれて安定な立体構造を形成することとなる。

その構造は二つ目の理由により安定化される。その理由はペプチド結合の C=O と N–H 間に働く水素結合である。ペプチド構造体の板がすこしずつずれて，らせん構造を形成すると，各アミノ酸の N–H 基と 4 残基離れたアミノ酸のカルボニル基との間に水素結合が形成される場合が，最も安定な構造体となる。これが α-らせん構造である。らせん 1 回転当たり，3.6 個のアミノ酸残基が存在することとなる。β-シート構造は，複数のペプチド鎖が並んで位置す

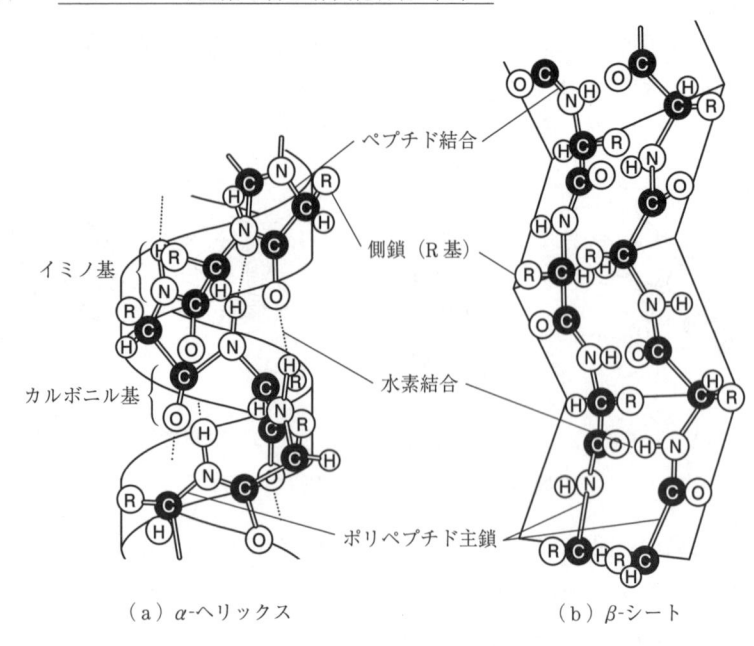

164   17. リンや窒素を含む有機化合物（1）

（a）α-ヘリックス　　　　　　　（b）β-シート

図 17.5 α-ヘリックス構造と β-シート構造 [29]

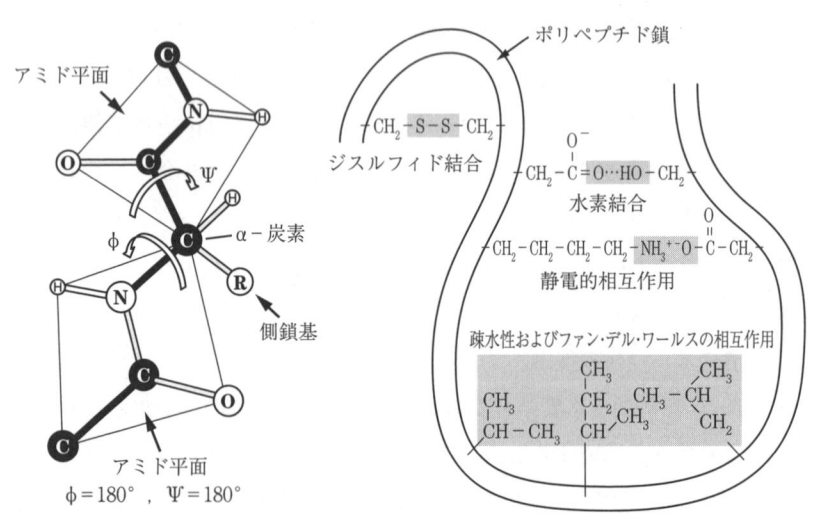

図 17.6 ペプチド結合の三次元構造 [30]

$\phi = 180°, \Psi = 180°$

図 17.7 タンパク質の三次元構造を安定化する結合と相互作用 [29]

るときに形成される。ペプチド板状構造体は，ジグザグ状となり，隣り合ったペプチド鎖間で水素結合を形成することにより安定な構造となる。

三次構造はタンパク質全体の立体的構造である。二次構造が直線的に維持されていれば繊維状タンパク質となり，折れ曲がる構造を加えることにより球状タンパク質となる。折れ曲がりの部分は規則的な二次構造ではないため，その部分の二次構造をランダム構造と呼ぶ場合もある。三次構造は，図 17.7 に示した静電的相互作用，水素結合，疎水性およびファン・デル・ワールスの相互作用とジスルフィド結合によって安定化されている。ジスルフィド結合はシスティン間で生じる結合反応であり，共有結合であるため最も強い。

四次構造は，複数のタンパク質から形成される構造である。例えば，ヘモグロビンは四つのタンパク質から形成された四次構造体である。四次構造体が集合し，さらに高次の構造体を形成する場合もある。

まとめ

1. トリアシルグリセロールの一つのエステルがカルボン酸とではなくリン酸とエステル結合した化合物は，ホスファチジン酸と呼ばれる
2. リン酸は 2 個以上のエステルを形成することができるため，一方でグリセロールとエステル結合し，もう一方で別のアルコールとエステル結合してホスファチジルエステルを形成する
3. ホスホアシルグリセロールはリン脂質とも呼ばれ，細胞膜の構成する主要成分である
4. 細胞膜を構成するリン脂質は，両親媒性物質であり，水中で脂質二重膜を形成できる
5. 窒素原子は炭素原子との間の単結合によりアミンを形成する
6. アミンは極性物質であり，窒素原子の非共有電子対がプロトンを受け入れることができる
7. アミノ酸はアミノ基とカルボキシ基の両方をもつ化合物であり，同一炭素に両方とも結合したアミノ酸を α-アミノ酸と呼ぶ
8. タンパク質は α-アミノ酸の重合体である

演習問題

17.1 グリセロリン脂質とは何か述べよ。

17.2 水中でグリセロリン脂質が形成する構造の中で，細胞膜の構造を述べよ。

17.3 アミンとは何か述べよ。

17.4 アミンとカルボン酸との結合反応を述べよ。

17.5 タンパク質に用いられている α-アミノ酸を A) 非極性アミノ酸，B) 極性，非電荷アミノ酸，C) 極性，電荷アミノ酸で分類し，その名称と構造を述べよ。

17.6 タンパク質の一次構造，二次構造，三次構造とは何か述べよ。

コーヒーブレイク

パーマネントは生化学的な操作技術

毛髪は，熱を加えてカールすることができますが，時間が経つと元に戻ってしまいます。これは毛髪を構成しているタンパク質の α-ケラチンのシスチン残基間にジスルフィド結合があって，たがいの位置関係が保たれているからです。一方，パーマネントをかけるとカールはそのままに保つことができます。パーマネントは英語の永久を意味していて，カールが永久に保つというわけです。パーマネントでは，薬剤を2種類使います。最初の薬剤は，ジスルフィド結合を還元して2個のシスチン基にするものです。この状態で，カールして加熱しますと，架橋構造がなくなっているため，α-ケラチン同士はずれることが可能です。二つ目の薬剤は，シスチン基間に新たなジスルフィド結合を作らせます。その結果，毛髪はカールの状態のまま固定されるというわけです（図18）。

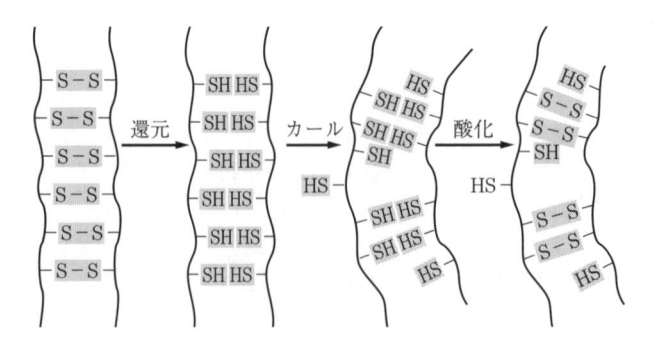

図18 髪の毛のジスルフィド結合の還元と酸化

18 リンや窒素を含む有機化合物 (2)

体を構成する主要有機化合物のうち，これまでに糖質，脂質とタンパク質について学習した。本章では，もう一つの主要化合物である核酸について学ぶ。核酸はリンと窒素を含む有機化合物である。また，細胞膜についても学ぶ。細胞膜は，いわば有機化合物の複合体であり，17章で述べたリン脂質の他にいろいろな化合物から構成されている。

18.1 ヌクレオチドと核酸

18.1.1 構　　造

核酸の基本構造体はヌクレオチドである。そのヌクレオチドの構造は，図18.1に示したように特徴的な三つの構成要素からなる。それらは含窒素塩基，ペントース，およびリン酸である。

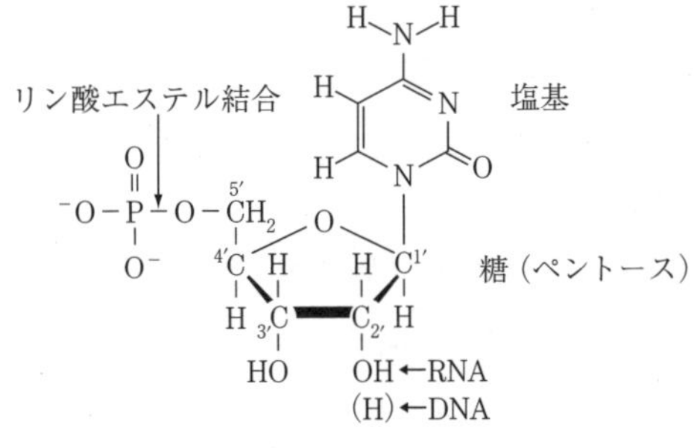

図 18.1　ヌクレオチドの構造（例　シトシン）

含窒素塩基は核酸塩基あるいは核塩基，もっと簡単に塩基とも呼ばれ，単環構造体のピリミジン誘導体と複合環構造体であるプリン誘導体の2種類に大別できる（**図 18.2**）。塩基の炭素とペントースの炭素を区別するため，ペントー

プリン塩基 **ピリミジン塩基**

アデニン (A)

チミン (T)
(DNA)

ウラシル (U)
(RNA)

グアニン (G)

シトシン (C)

プリン

ピリミジン

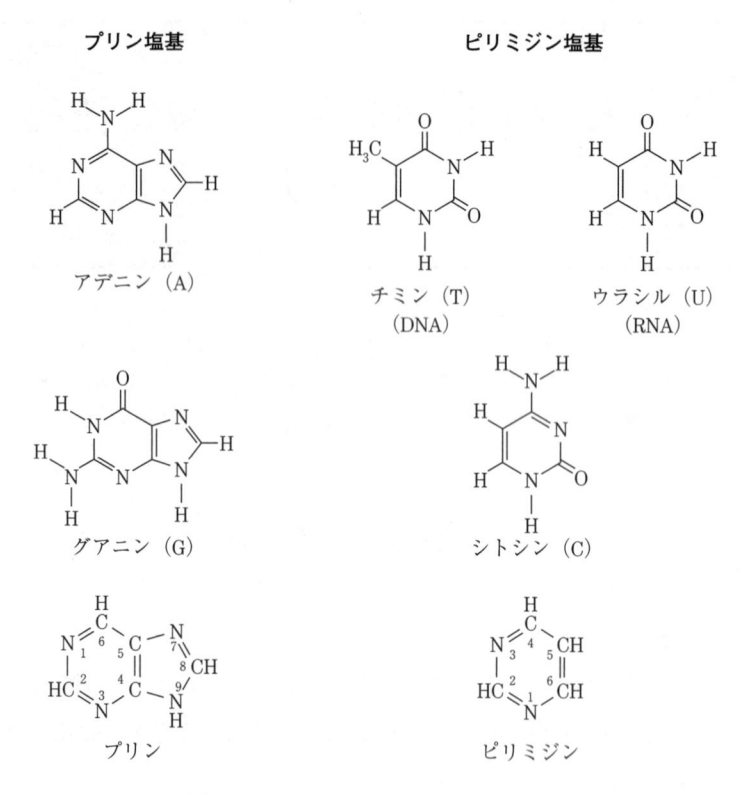

図 18.2 ヌクレオチドに使われている塩基

スの場合には炭素原子の番号にプライム記号 (′) をつける。

18.1.2 DNA と RNA

 ヌクレオチドがつながったものが核酸であり，ポリヌクレオチドとも呼ばれる。核酸には遺伝情報を司るデオキシリボ核酸（DNA）と，タンパク質合成に関わるリボ核酸（RNA）がある。DNA と RNA に使われている塩基は，それぞれ 2 種類のプリン塩基とピリミジン塩基である。プリン塩基は共通であり，アデニンとグアニンである。ピリミジン塩基のうち，シトシンは共通であるが，他の一つが DNA と RNA で異なっている。DNA ではチミンを RNA ではウラシルが使われている。

18.1 ヌクレオチドと核酸

　DNAとRNAの相違は，ペントースでもみられる。RNAはD-リボースであるのに対し，DNAではD-リボースの2′位炭素に結合すべき水酸基が，水素に置換している。つまり酸素がなくなっているデオキシ-D-リボースであるため，デオキシリボ核酸と呼ばれている。

　DNAとRNAのこれらの違いは何を意味しているだろうか。その理由は，遺伝情報を担う物質という観点から考えると，DNAはRNAより化学的に安定であり，より優れた物質であるためだと考えられている。優れた点は二つある。

1) 水酸基は反応性が高く，他の化合物に変化する可能性が高い。DNAではその水酸基が安定なC–H結合になっている。
2) シトシンのアミノ基は脱アミノ化反応を起こすことが可能であり，ウラシルとなってしまう。チミンは5位炭素にメチル基があるため，シトシンから容易には生成されない。

そのため遺伝情報はDNAが担い，RNAはタンパク質合成の仲介役になったと考えられている。

　DNAおよびRNAは，ヌクレオチドがつながった構造体である。その結合は，図18.3に示したように3′炭素に結合している水酸基がリン酸との間でエステルを形成することによって生じる。ペントースと塩基の結合体はヌクレオシドと呼ばれるが，リン酸が二つのヌクレオチドを結びつける役割を果たしている。リン酸は二つのエステルを形成するため，リン酸ジエステル結合（ホスホジエステル結合）と呼ぶ。すべてのリン酸ジエステル結合は鎖に沿って同一の向きなので，各直鎖状核酸分子は5′と3′で区別される末端をもつ。核酸の塩基配列の記述は，左端を5′末端にして3′末端に向かう順番で行う。

　DNAは，2本のポリヌクレオチド鎖がコイル状に巻きついた二重らせん構造である。図18.4に示したように，アデニン（A）とチミン（T），グアニン（G）とシトシン（C）との間の水素結合によって結びつけられて，安定な構造体となっている。

　これらの組合せは，それぞれのN–H結合とC=O結合間の水素結合，Nの非共有電子対とN–H結合間で水素結合が形成される構造となっている。一

18. リンや窒素を含む有機化合物（2）

図 18.3 塩基間のリン酸ジエステル結合

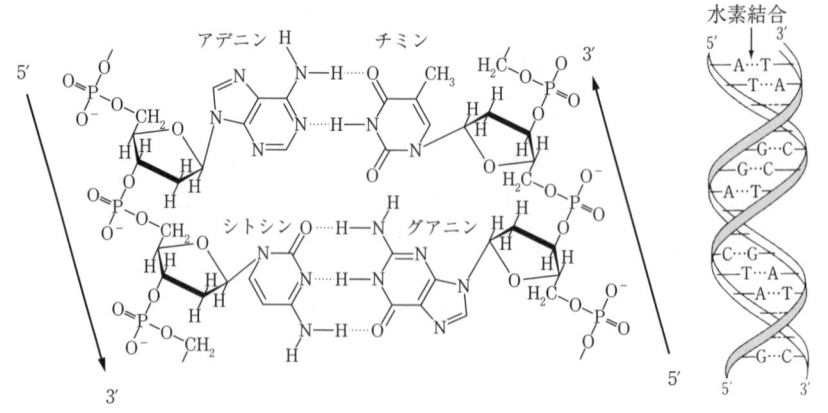

(a) アデニンとチミン，およびシトシンとグアニンによる塩基対形成

(b) DNA 分子の二重らせん構造

図 18.4 塩基対の形成と二重らせん構造

方，アデニンとシトシン，あるいはグアニンとチミンの間では，構造的に水素結合を形成することができない。このように，それぞれのパートナーは一つに限られているため，DNA が複製される場合，同じものが形成されることになる。なお，DNA の二重鎖の 2 本の鎖は逆方向を向いており，その末端は，一つの鎖が 5′ で他の一つは 3′ となる。塩基配列を記述する場合は，5′ 末端から 3′ 末端に向う原則に従って，相補的な鎖は逆方向から記述することになる。

RNA は通常 1 本鎖であるが，塩基間で水素結合を形成し，部分的にらせん構造をもっているものもある。その長さは DNA に比べて短い。代表的な RNA はメッセンジャー RNA（mRNA），トランスファー RNA（tRNA）とリボソーム RNA（rRNA）である。メッセンジャー RNA は，その名称が示すとおり，タンパク質合成のために DNA から遺伝情報を運ぶ担い手である。トランスファー RNA は，タンパク質合成の際にアミノ酸をリボソームに輸送する役割を果たしている。リボソーム RNA は，タンパク質が合成されるリボソームの構成成分であり，その活性中心を形成している。

18.1.3　DNA と遺伝情報

これまで遺伝情報という用語を説明せずに使用してきたが，遺伝情報とは何であろうか。じつは，遺伝情報とはタンパク質のアミノ酸配列に対応する RNA 分子のヌクレオチド配列についての情報なのである。その情報を含む DNA 分子上の領域を遺伝子（gene）と呼んでいる。ヒトゲノム解析が終了し，DNA の遺伝子部分は 2 万 5 千個程度という，意外に少ないことが明らかとなった。DNA の数 % に対応し，残りの部分の役割はわかっていない。

タンパク質のアミノ酸配列に関する部分はエキソンと呼ばれ，それ以外の部分をイントロンという。DNA から mRNA がつくられるとき，イントロン部分が切り落とされて，エキソン部分がつなぎ合わされる。この過程をスプライシングという。

18.1.4 エネルギー運搬体としてのヌクレオチド―ATP―

アデノシン三リン酸は，RNA を構成しているアデニル酸（アデノシン―リン酸とも呼ぶ）に，さらに2個のリン酸が結合した化合物である。図 18.5 に示したように，陰性荷電を有するリン酸が3個並んで結合しており，電気的な反発があるため非常に高いエネルギー状態にある化合物となる。そのため，リン酸を一つ外し ADP になることによりエネルギーが解放される。この性質を利用し，生命体は ATP をエネルギーの貯蔵・運搬体として用いている。

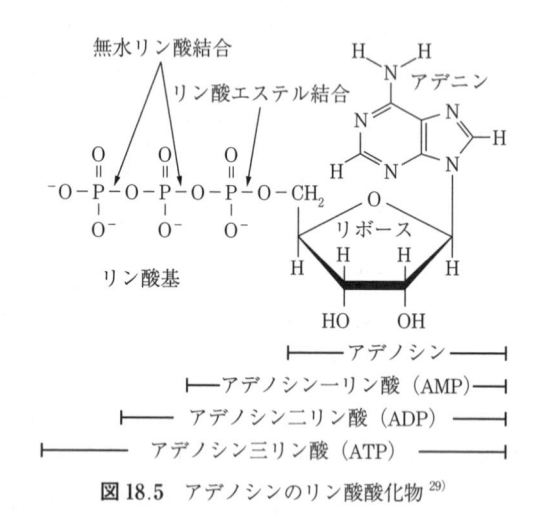

図 18.5 アデノシンのリン酸酸化物 [29]

18.1.5 情報伝達物質としてのヌクレオチド―cAMP―

アデニル酸が環状構造体を形成したのが，図 18.6 に示した cAMP（cyclic

図 18.6 cAMP の構造

AMP）であり，細胞情報伝達物質として働いている。このようにヌクレオチドは，DNA と RNA だけではなく，生命体にとって重要な役割を果たしている。

18.2 細胞膜—有機化合物の複合体—

18.2.1 構造と性質

　細胞でも細胞小器官でも，その内容物を内部に保ち，また外のものが自由に入ってこないようにするために，何らかの物理的障壁とともに，内部環境と外部環境との交流を制御する方法が必要である。細胞を取りまいている膜，すなわち細胞膜は，これらの役割を果たしている。細胞膜を構成している主成分は，17.1 節で述べたリン脂質であり，また糖脂質が使われている。

　糖脂質は脂肪酸，糖質，そしてスフィンゴシンと呼ばれる化合物などから構成された複合脂質である。これらは水中において二重膜構造体を形成することができ，細胞内外の隔壁となることができる。しかし，脂質二重膜のみでは内部環境と外部環境を制御できない。その役割を果たしているのが，膜内に組み込まれたタンパク質である。細胞膜に含まれるタンパク質は膜タンパク質と呼ばれる。**表 18.1** にまとめたように，細胞膜にいろいろな機能を与える役目を果たしている。

表 18.1　細胞の膜タンパク質

輸送体	チャネル，運搬体，ポンプ
構造体	アクチンフィラメント，中間径フィラメント
接着因子	カドヘリン，セレクチン，インテグリンなど
受容体（レセプター）	G タンパク質連結型，イオンチャネル連結型など
表面抗原	白血球抗原，赤血球抗原など

　実際の細胞膜には，さらにコレステロール類が含まれている。コレステロールの融合環は硬い構造体であるため，コレステロールは脂質の軟らかい脂肪酸直鎖を安定化し，細胞膜の強度を維持することに役立っている。このように細

胞膜は，リン脂質，コレステロールやタンパク質などからの多種類の有機化合物から構成された複合体であるといえる。

18.2.2 細胞膜の物質透過性

内部が疎水性の脂肪酸から構成されている脂質二重層（図17.1（b）参照）は，図18.7に示したように対象とする物質によって透過性が異なっている。

疎水性分子 { O_2, CO_2, N_2, ベンゼン }

小型で電荷をもたない極性の分子 { H_2O, 尿素, グリセロール }

大型で電荷をもたない極性の分子 { グルコース, ショ糖 }

イオン { H^+, Na^+, HCO_3^-, K^+, Ca^{2+}, Cl^-, Mg^{2+} }

脂質二重層

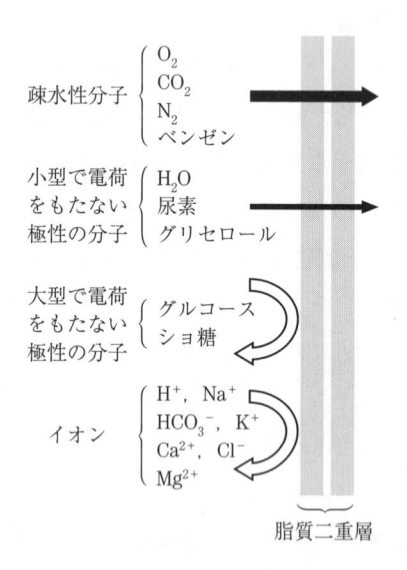

図18.7 脂質二重層におけるさまざまな物質の透過性 [31]

一般的には分子が小さいほど，また疎水性であるほど透過性が高い。O_2やCO_2などのような極性の小さな分子は脂質二重層に溶け込みやすく，したがって拡散も速い。電荷をもたない極性分子も，水や尿素など小さな分子であれば透過する。しかし，グリセロールになると少し遅くなり，グルコースはほとんど透過できない。イオンは小さな分子であるが，水に囲まれた状態にあり，単純拡散では細胞膜を透過できない。そのためイオンやグルコースなど，細胞膜を単純拡散できない分子に対し，特別な仕組みが細胞膜に組み込まれている。それが**図18.8**に示した輸送タンパク質である。

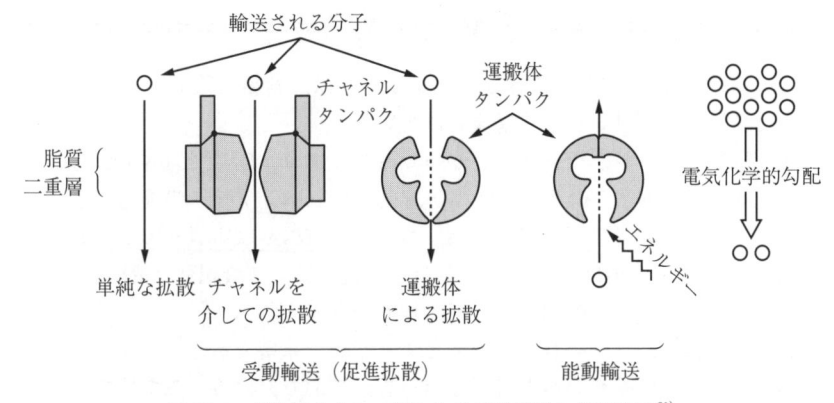

図 18.8　細胞膜を介して行われる受動輸送と能動輸送[31]

チャネルタンパク質は，おもにイオンの輸送に関係している。タンパク質の構造変化なしに溶質を通過させるが，ほとんどの場合，ふだんはそのゲートが閉じられていて，必要に応じて開かれる。運搬体タンパク質は溶質分子と結合し，構造変化が生じて溶質分子を反対側に輸送する。運搬体タンパク質による輸送は，受動輸送と能動輸送の2種類に分類される。受動輸送とは溶質の濃度勾配に従った輸送であり，能動輸送とはエネルギーを費やして濃度の低い方から高い方へ送り出す輸送である。能動輸送の運搬体タンパク質は，溶質をくみ出す働きをするため，ポンプとも呼ばれている。水は細胞膜の脂質を通ることで細胞に出入りするが，高い水の透過性が必要となる細胞では，水のチャネルが組み込まれている。これをアクアポリンと呼んでいる。

18.2.3　細 胞 の 接 着

われわれの体は，細胞が集まった組織から形成されている。組織を形成するためには，細胞同士の接着や細胞と細胞外マトリックスと呼ばれるコラーゲンなどとの接着が必要となる。しかし，いわばセッケンと同様な脂質二重層だけでは，たがいに接着することができない。細胞の接着は，細胞膜に組み込まれたタンパク質が担っている。これらを接着タンパク質と呼んでいる。

まとめ

1. 核酸の基本構造体であるヌクレオチドは，含窒素塩基，ペントース，およびリン酸から構成されている
2. 核酸はヌクレオチドがつながったものであり，DNAとRNAがある
3. DNAとRNAの構造の違いは，塩基一つとペントースの構造の違いであり，DNAはデオキシリボースでありRNAはリボースである
4. DNAがもつ遺伝情報とは，タンパク質のアミノ酸配列とRNA分子のヌクレオチド配列についての情報である
5. 細胞膜は，リン脂質を主成分とする脂質二重層である
6. 細胞膜には膜タンパク質が組み込まれており，いろいろな機能を果たしている
7. 細胞膜は低分子物質を透過するが，グルコースやイオンなどは透過しない

コーヒーブレイク

テロメアと寿命

DNAの複製は，おもにDNAポリメラーゼという酵素により行われます。この酵素はDNA鎖の3′-ヒドロキシ基に連結し，新たなDNA鎖を5′から3′の方向に合成します。実際，対をつくる片方のDNA合成（ラギング鎖）は，端に5′-ヒドロキシ基がありますから，逆方向から断片的に合成されます。この断片を岡崎フラグメントといいます。

しかし，ここで困った問題が生じます。一般にDNAがこのような過程で複製されるので，末端部分は複製されず，次第に短縮していきます。真核生物では，このような問題（末端複製問題）をDNAの端にテロメアをつけることで解決しました（図19）。ヒトのテロメアは複製の度に短縮されていき，ある一定の長さに達すると死を迎えます。ヒトの場合，120年でその限界の長さに達してしまうため，私たちの最大寿命は約120年ということになるのです。

― TTAGGG ― TTAGGG ― TTAGGG ― TTAGGG ― TTAGGG ―

図19 ＤＮＡの端にある特殊な塩基配列―テロメア―

演 習 問 題

18.1 ヌクレオチドの構造を述べよ。
18.2 DNA と RNA の構造における糖と塩基の違いを述べよ。
18.3 ヌクレオチド同士はどのように結合しているのか述べよ。
18.4 DNA が同じ構造体を複製できる理由を述べよ。
18.5 遺伝子とはなにか。
18.6 ATP の構造と生体における役割を述べよ。
18.7 細胞膜に組み込まれている膜タンパクをその機能から分類せよ。

19 有機化合物の反応

われわれは，食物を摂ることによって生命を維持している。摂取した食べ物は，消化器官により分解・吸収され，体内で生命を維持するために必要な化合物に変換されている。分解や変換によって，他の化合物となるわけである。これを化学反応という。化学反応を理解することは，生体の活動を理解するうえで非常に重要である。

19.1 化学反応とは

有機化合物の反応の前に，まず化学反応に関する基本的なことを述べることとする。化学反応とは，1種類あるいはそれ以上の物質が原子の組み換えを行い，元とは異なる物質を生成する変化を意味している。はじめに存在する物質を反応物といい，化学反応で生成する物質を生成物と呼ぶ。ある化学反応において，反応物と生成物を化学式で表し，それらの相対的な数を表す式を化学反応式と呼ぶ。化学反応式によって，反応に関与する物質の情報をすべて伝えることができる。いまここで水素と酸素から水が生成する反応を例にとろう。水素2分子と酸素1分子の反応により水分子が2個生成するため，以下のように表される。

$$2\,H_2 + O_2 \longrightarrow 2\,H_2O$$

この反応は水素が燃焼する反応であり，大気中で水素に火をつければ簡単に生じる反応であることをわれわれは知っている。一方，水を電気分解すれば水素と酸素が発生することも知っている。したがって，上記の反応は左方向へも進むことができる。化学反応は，その原子の組み換えを元に戻すことができる

ということでは，すべて同じである．つまり，化学反応は右方向にも左方向にも進むことができる．化学反応を考える場合に重要なのは 1) どちらの方向に進むのかと，2) どのような速度で進むのかという二つの観点である．

19.2 どちらの方向に進むのか—自由エネルギー—

宇宙の最も基本的な原理は，エネルギーとエントロピーに支配されている．エネルギーは仕事をする能力であり，熱，光，力学的（運動および位置）や化学的などの形をとっている．エネルギーの基本は，高い状態から低い状態へ進むということである．**図 19.1** のように，高いところにあるボールは低い位置へ転がることができるが，低い位置にあるボールは，力を加えないと（エネルギーが必要）高い位置には上げることができない．高いところでは位置エネルギーが高く，低い位置すなわち低いエネルギー状態へボールは落下する．化学反応においても同様であり，反応は化学的エネルギーの高い状態から低い状態へ進む．

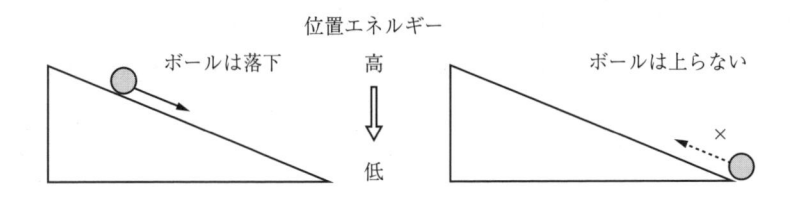

図 19.1 エネルギーと運動の方向

エントロピーは，無秩序さの度合いや乱雑さの尺度である．乱雑になるほどエントロピーは大となる．エントロピーの基本は増大するということである（図 2.1 参照）．つまり，そろっていたものはバラバラになる方向に進む．**図 19.2** のように，水にインクを一滴滴下した場合を想像してみよう．時間が経てばインクは均一になる．インクが均一に広がった場合，いくら時間が経っても再び一カ所に集まることはない．

滴下直後　　　　　　　時間経過後

エントロピー　　小　⟹　大

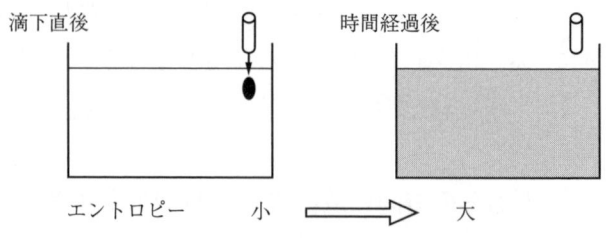

図 19.2 エントロピーと状態変化の方向

　この現象はエネルギーでは説明できない。なぜならば，滴下直後と均一になった状態でのエネルギーは同じであるためである。違いはエントロピーである。滴下直後は，インクが一カ所にあり秩序的であったのに対し，時間が経過するとともにバラバラになったわけである。すなわちエントロピーが増大する方向に進んだわけである。化学反応においても同様であり，反応はエントロピーが増大する方向へ進む。

　化学反応の方向性を考える場合，エネルギーとエントロピーを同一の基準で表すことができれば非常に便利となる。これが自由エネルギーという考え方であり，エネルギーとしてエンタルピーを用いた式は，Gibbsの自由エネルギーと呼ばれている。エンタルピーは一定圧力下のエネルギーを意味しており，大気圧という一定気圧下で生じる生命系の反応において，基本的な式である。なお，自由エネルギーは G，エンタルピーは H，そしてエントロピーは S の記号によって表される。

$$\text{自由エネルギー} \quad G = H - TS$$

（エンタルピー）　（温度）・（エントロピー）

　実際の化学反応を考える場合，その前後における自由エネルギーの変化をみることにより，反応の方向性が明らかとなる。そのため，自由エネルギーの変化 ΔG が重要となる。

$$\text{自由エネルギー変化} \quad \Delta G = \Delta H - T\Delta S$$

　化学反応の進む方向は，ΔG が負になる方向となる。ΔG が負となる反応は

19.2 どちらの方向に進むのか——自由エネルギー——

自発的に発生する。自発的とは，エネルギーを加えなくても発生するということを意味している。反対に，ΔG が正となる反応は，エネルギーを加えない限り発生しない。生体内の反応では，ΔG が正となる反応も多い。その場合，18章で述べた ATP を分解することによって得られるエネルギーを使うこととなる。ΔG が0の場合は，反応はどちらの方向にも進まない。このような状態を化学平衡と呼んでいる。

- $\Delta G < 0$　　　反応は自発的に生じる
- $\Delta G > 0$　　　エネルギーを加えなければ反応は生じない
- $\Delta G = 0$　　　どちらにも進まない平衡状態

ΔH が負で ΔS が正の場合は，当然ながら ΔG が負となるが，反応によっては ΔH が負で ΔS も負となるなど，いろいろな場合がある。例えば，水素と酸素から水ができる反応は，水素2分子と酸素1分子から水2分子が生成するため，ΔS は減少する。しかし，ΔH の減少が ΔS 低下の寄与を十分に上回るため，水生成の反応が進む。反対に，水から水素と酸素をつくる反応は自然には生じない。電気分解における電気エネルギーなどエネルギーを加えて初めて反応を生じさせることができる。

水素と酸素から水ができる反応では，水素と酸素の化学エネルギーと生成した水の化学エネルギーの差が熱エネルギーとして放出される。その熱を反応熱と呼び，このような反応を発熱反応という。また，ΔH が正であっても ΔS の増大分が十分に大きければ反応は進む。このような反応を吸熱反応と呼んでいる。

- $\Delta G < 0$　　　反応が自然に生じる三つのケース
    1) $\Delta H<0,\ \Delta S>0$　　　発熱反応
    2) $\Delta H<0,\ \Delta S<0$　　　発熱反応
    3) $\Delta H>0,\ \Delta S>0$　　　吸熱反応

19.3 どのような速度で反応は進むのか―活性化エネルギー―

　水素と酸素から水が生成する反応は，エネルギーを加えなくても生じることを述べたが，実際に水素と酸素の混合気体をつくっても，そのままでは反応が生じない。自由エネルギーは反応の方向性を示すのであって，反応の速度に関しては何もわからない。反応の速度を決める最も大きな因子は活性化エネルギーである。化学反応という原子の組み換えを行うためには，高いエネルギー状態を経なければならない。この高いエネルギー状態を遷移状態と呼んでいて，その遷移状態へもち上げるのに必要なエネルギーが活性化エネルギーである。

　なぜ高いエネルギー状態になるのであろうか。ふたたび水素と酸素から水が生じる反応を考えてみよう。水素分子と酸素分子は，共有結合によって安定な状態，つまり低いエネルギー状態を保っている。水を形成するためには，水素同士と酸素同士の結合を切らなければならない。そうなるとエネルギーとしては高い状態となる。つまり**図19.3**に示したように，遷移状態という中間段階の高エネルギー状態を経なければ，水素と酸素との間に新たな共有結合を形成できない。化学反応が生じるためには，いうまでもなく反応物同士が衝突しな

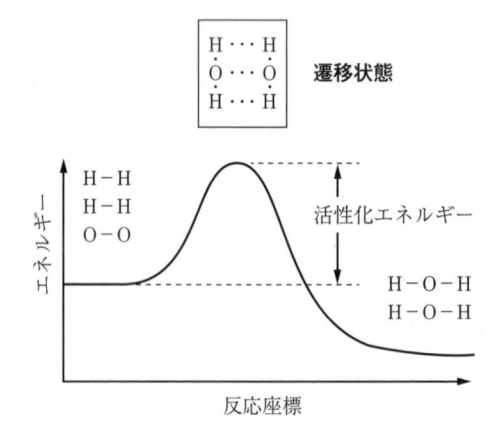

図19.3　化学反応における遷移状態と活性化エネルギー

ければならないが，衝突時の運動エネルギーが活性化エネルギーを超えた場合に，はじめて反応が生じることとなる。

19.4　化学反応の反応速度式

化学反応の速度は，活性化エネルギーが大きく関わっていることを述べたが，反応物の濃度や温度によっても反応速度が変化することは，身近な経験からも知っている。化学反応の速度を考える場合，すべての影響因子を含めることが必要となる。そのような式を反応速度式と呼んでいる。ここで最も簡単な反応として，物質Aが物質Bに変化する反応を考えよう。

$$A \longrightarrow B$$

反応が進むに従ってAは減少し，同じ量のBが増加する。その時間当たりの変化量が反応速度となる。その反応速度をvとすると，Aの減少あるいはBの増加として以下のように表すことができる。

$$v = -\frac{d[A]}{dt} = \frac{d[B]}{dt}$$

ここで濃度が減少する速度，すなわちAの減少速度にはマイナスの符号をつける。なお，[A]はAの濃度を表し，tは時間である。いま，Aの濃度変化に着目すると，Aの減少速度は，その時間のAの濃度に比例するという形で表すことができる。これが反応速度式である。

$$-\frac{d[A]}{dt} = k[A]$$

定数kは速度定数と呼ばれ，$k = A \cdot \exp(-E_a/RT)$である。イタリックの$A$は頻度因子と呼ばれ，衝突の起こる頻度の目安であり，立体因子も含まれている。立体因子とは，反応部位で衝突が起こる割合である。反応する分子が大きくなると，反応が起こらない場所での衝突もあるため，加えられている因子である。$(-E_a/RT)$の部分は，エネルギー因子と呼ばれている。E_aは活性

化エネルギー，Rは気体定数でTは温度である。エネルギー因子は，温度TにおいてエネルギーE_aより高いエネルギーをもつ分子衝突の割合を意味している。Aと$(-E_a/RT)$との積が，うまく反応が生じる衝突の割合を与えてくれる。

19.5　化学反応速度を速くする方法—触媒と酵素—

反応速度式からわかるように，反応速度を速めるには1）反応物の濃度を高めるか，2）温度を上げることによって可能になる。もう一つの方法は，活性化エネルギーを下げることである。その役目を果たすものが触媒である。水素と酸素の反応では，常温の混合だけでは反応が生じないが，活性化した白金を加えると瞬時に反応し，水が生成する。白金が触媒として活性化エネルギーを下げることで，常温での分子運動エネルギーで容易に活性化エネルギーを超えることが可能となり，反応が生じる。触媒の作用により，いろいろな反応が容易に生じさせることができる。

生体内の反応は37℃で起こさなければならない。この温度は，生体における多くの化学反応では十分な温度ではないため，触媒が必須となる。その触媒が酵素であり，一般の無機触媒と比べ**表19.1**の特徴をもっている。

表19.1　酵素の触媒としての特徴

1.	特　異　性
2.	至　適　濃　度
3.	至　適　温　度
4.	至　適　pH

これらの性質は，酵素がタンパク質であることによって発揮されている。特異性とは，特定の反応だけに触媒として作用することを意味している。酵素反応は，**図19.4**のように，基質と呼ばれる反応物質が酵素の活性部位に結合することが必要である。その活性部位に結合できる物質のみに作用するため，特異性が得られている。その結合体を酵素-基質複合体と呼んでいる。

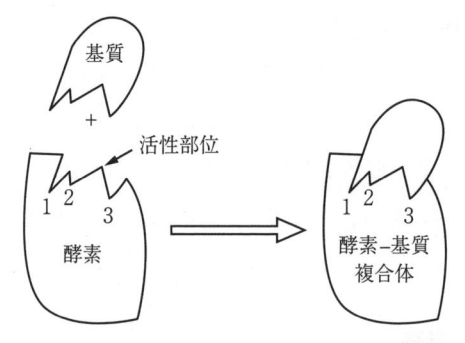

図 19.4 酵素反応における酵素—基質複合体—[30]

すでに述べたように,一般の化学反応は反応物の濃度が増えると反応速度が増す。しかし,酵素反応では反応物の基質の濃度がある一定の濃度に達すると,それ以上に基質を増やしても反応速度が増加しない。このような反応を 0 次反応と呼び,反応物の濃度にかかわらず反応速度は一定となる。これは酵素が基質によって飽和されるために起こる。酵素の活性部位はタンパク質構造のごく一部であり,酵素の大きさに比べ触媒活性部位が限られているためである。

そのほかに,至適温度と至適 pH があることが酵素の特徴である。タンパク質である酵素は,温度や pH によって構造変化を生じ,酵素-基質複合体が形成できなくなるためである。

19.6 有機反応の種類

有機化合物の各章で,代表的な反応を個々に述べたが,本節では有機反応を分類し,整理することとする。多種多様な有機反応を整理するには幾通りかの方法があるが,1)反応がどのようにして起こるのか(反応機構)と,2)どのような種類の反応が起こるのかの二つの様式にまとめるのが最も基本である。

19.6.1 反応機構による分類

すべての化学反応は，結合の開裂と生成を含んでいる。反応物の結合が切れ，攻撃剤として他分子を攻撃し，新たな結合を形成することにより生成物が生成する。二つの電子から形成されている共有結合が切れる場合，二つの様式がある。結合が対称に切れ，生成する二つの成分に電子が1個ずつ残る場合

コーヒーブレイク

酵素触媒の速さは 10^{10} 倍にもなる

触媒により化学反応の速度が速まることを述べましたが，実際，どれほど速くなると思いますか。体内で起きる簡単な反応を例にとり，ちょっと計算してみましょう。化学反応式を書きましたが，過酸化水素が水素と酸素に分解する反応です。

$$2H_2O_2 \longrightarrow 2H_2 + O_2$$

この反応の活性化エネルギーは 7.56×10^4 J/mol です。この反応の酵素はカタラーゼと呼ばれますが，カタラーゼによってその活性化エネルギーは 1.68×10^4 J/mol に下がります。

アレニウスの式は，$k = A \cdot e^{-E/RT}$ です。あとで便利ですから，両辺の対数をとっておきます。すると，$\log k = C - E/2.3RT$ となります。温度は体温ですから37℃で，アレニウスの式では絶対温度ですから，$(273+37)k$ です。R は気体定数で，8.31 J/K·mol という値になります。

触媒なしの反応における反応速度定数を k_1

カタラーゼ触媒による反応速度定数を k_2

として，その比の対数を考え，それぞれの値を代入して計算しますと，以下のようになります。

$$\begin{aligned}
\log k_1/k_2 &= \log k_1 - \log k_2 \\
&= E_2/2.3RT - E_1/2.3RT \\
&= (1.68 - 7.56) \times 10^4 / 2.3 \times 8.31 \times (273+37) \\
&= -10
\end{aligned}$$

$$k_1/k_2 = 1/10^{10}$$

つまり，カタラーゼの作用によって反応速度は 10^{10} 倍となるのです。酵素ってすごいものですね。

と，非対称に切れて生成する二つの成分のうちの一方が結合電子のすべてをもち，他の成分は空の軌道をもつ場合である。

対称的な結合開裂が生じる反応はラジカル反応と呼ばれ，攻撃剤はラジカルとなる。ラジカルとは遊離基とも呼ばれ，軌道に1個の電子をもつ化学種である。非対称の開裂では片方は電子が多いアニオンとなり，他方はカチオンとなるため，イオン反応あるいは極性反応と呼ばれている。この場合，攻撃剤はアニオンまたはカチオンとなる。アニオンは電子が豊富であるため，電子不足の原子に電子対を供給し結合を形成する。そのため求核剤（試薬）とも呼ばれる。核が正に帯電していることからつくられた用語で，電子が不足しているものを好む性質から命名された。なお，求核剤はアニオンだけではなく，電気的に中性でも非共有電子対をもつ分子も含まれる。

アルデヒドの章で述べたアルコールとの反応は，アルコールの -OH の酸素が求核剤としてカルボニル基の炭素と反応した例である。カチオンは電子を好むため，求電子剤（試薬）と呼ばれている。求電子剤は2個の電子を電子豊富な部位から授受することにより，新たな共有結合を形成する。

$$A:B \quad A\cdot + B\cdot \quad 均一開裂 \quad ラジカル反応$$

$$A:B \quad A^+ + B:^- \quad 不均一開裂 \quad イオン反応$$
$$\qquad\qquad\qquad\qquad\qquad\qquad\qquad（極性反応）$$

19.6.2 反応の種類による分類

化合物の反応物と生成物とに着目して分類すると，付加反応，脱離反応，置換反応と転位反応の4種類となる。

（1） **付 加 反 応**　二つの出発物質がたがいに付加して一つの生成物を与える反応。不飽和結合（C=C，C≡C，C=O，C=N など）に，原子あるいは原子団が結合する反応である。どの原子団も取り残されることなく一つの生成物ができる。

$$\underset{\text{エテン}}{\overset{H}{\underset{H}{>}}C=C\overset{H}{\underset{H}{<}}} \quad + \quad HBr \quad \longrightarrow \quad \underset{\text{ブロモエタン}}{H-\overset{H}{\underset{Br}{C}}-\overset{H}{\underset{H}{C}}-H}$$

（2）脱離反応　一つの出発物質が二つの生成物に変換される反応。化合物からある物質が取り去られる反応である。反応の結果，不飽和結合が生成するのが一般的で，付加反応の逆の反応とみることができる。

$$\underset{\text{ブロモエタン}}{H-\overset{H}{\underset{H}{C}}-\overset{H}{\underset{Br}{C}}-H} \quad \longrightarrow \quad \underset{\text{エテン}}{\overset{H}{\underset{H}{>}}C=C\overset{H}{\underset{H}{<}}} \quad + \quad HBr$$

（3）置換反応　二つの出発物質がそれぞれの一部分を交換して，二つの新しい生成物を形成する反応。

$$\underset{\text{ブロモエタン}}{H-\overset{H}{\underset{H}{C}}-\overset{H}{\underset{H}{C}}-Br} \quad + \quad NaOH \quad \longrightarrow \quad \underset{\text{エチルアルコール}}{H-\overset{H}{\underset{H}{C}}-\overset{H}{\underset{H}{C}}-OH} \quad + \quad NaBr$$

（4）転位反応　一つの出発物質が，原子の再配列により新たな異性体を生じる反応。

$$\underset{\text{1-ブテン}}{\overset{CH_3CH_2}{\underset{H}{>}}C=C\overset{H}{\underset{H}{<}}} \quad \longrightarrow \quad \underset{\text{2-ブテン}}{\overset{H_3C}{\underset{H}{>}}C=C\overset{H}{\underset{CH_3}{<}}}$$

ま と め

1. 化学反応とは，1種類あるいはそれ以上の物質が原子の組み換えを行い，元とは異なる物質を生成する変化を意味している
2. 反応物と生成物の自由エネルギーを比べることにより，その反応が自発的であるか，エネルギーが必要な反応であるか，あるいは平衡反応であるかを判別できる
3. 化学反応の速度は，活性化エネルギーに大きく依存している
4. 触媒は，活性化エネルギーを減少させる作用をもち，生体内の反応では酵素がその役目を果たしている
5. 有機反応を反応機構で分類すると，ラジカル反応とイオン反応に大別できる
6. 有機反応を反応の種類で分類すると，付加反応，脱離反応，置換反応，転位反応の4種類となる

演 習 問 題

19.1 化学反応とはなにか述べよ。
19.2 化学反応が進む方向を決める自由エネルギーとはなにか。
19.3 化学反応の速度を決める因子を三つ述べよ。
19.4 化学反応における活性化エネルギーとはなにか述べよ。
19.5 触媒によって化学反応の速度が速くなる理由を述べよ。
19.6 生体内における触媒である酵素の特徴を述べよ。

20 高　分　子

タンパク質や核酸は，分子量が非常に大きな分子であった。これらは生体高分子とも呼ばれる。また，身の回りにはいろいろな合成高分子が使われている。一般的な高分子の定義は，分子内の主鎖が共有結合で結ばれており，分子量が1万程度以上の化合物となる。高分子の特徴と性質を理解することは，生体高分子をより深く理解するだけではなく，医療の現場に使われている合成高分子材料の理解にも重要である。

20.1　高分子の分類

高分子を**表 20.1**のように分類し，それぞれについて簡単に説明する。なお，高分子には無機高分子もあるが，本書では有機高分子のみを対象とする。

表 20.1　高分子の分類

1.	産出（由来）	天然高分子，改質天然高分子，合成高分子
2.	構　造	線状高分子，枝分かれ高分子，網目状高分子
3.	形　態	繊維，プラスチック（樹脂），ゴム
4.	合成法	逐次重合法，連鎖重合法
5.	化学組成	ホモポリマー（単一重合体），コポリマー（共重合体）

20.1.1　産出（由来）による分類

天然高分子は，いうまでもなく生物がつくり出した高分子である。これまでに述べてきたセルロース（図 15.4 参照），アミロース（図 15.4 参照），タンパク質（図 17.4 参照）や核酸（図 18.3 参照）が含まれる。改質天然高分子とは，天然高分子を化学修飾した高分子である。セルロースの水酸基に酢酸基を導入した，セルロースアセテートなどがある。酢酸基を入れることにより，い

ろいろな有機溶媒に溶けるようになるため，応用範囲を広めることができる。合成高分子は，簡単な分子を連結反応により高分子としたものである。その合成法は 20.1.4 項で述べる。

20.1.2　構造による分類

構造による高分子の分類を**図 20.1** に示す。（a）線状高分子は，直鎖状につながった高分子である。規則的な構造であるため，高分子鎖同士が近くに配列することが可能であり，次項に述べる繊維を形成できる。例えば，線状高分子であるセルロースは強い繊維となる。（b）枝分かれ高分子は，アミロペクチンのように主鎖から枝分かれした鎖が生じた高分子である。その分岐鎖があるため繊維を形成することが困難となる。（c）網目状高分子は，高分子鎖間に結合があり，たがいに連結した高分子である。

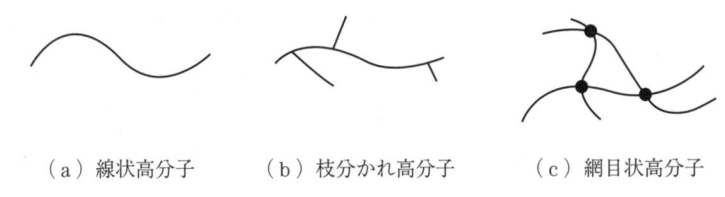

（a）線状高分子　　（b）枝分かれ高分子　　（c）網目状高分子
図 20.1　構造による高分子の分類

20.1.3　形態による分類

繊維は，線状高分子を一方向にそろえることによりつくられる。セルロースやコラーゲンなどの生体高分子は，合成時に繊維鎖の配列が行われている。合成高分子では，溶融時から製糸する過程で一方向に延伸することにより配列される。繊維軸方向をそろえることによって，高い強度が実現できる。

プラスチック（樹脂）は，高分子が固形状になっているものである。プラスチックは熱可塑性樹脂と熱硬化性樹脂に分類される。塑性とは外力によって変形し，その変形が元に戻らない性質である。つまり，熱可塑性とは，熱を加えると柔らかくなることを意味している。線状高分子と枝分かれ高分子が熱可塑

性樹脂となる。線状高分子は，溶融状態からそのまま冷却するとプラスチックとなり，一方向に延伸されると繊維となる。熱硬化性樹脂は一旦，反応によって硬化すると，再び柔らかくならない樹脂を意味している。網目状高分子が熱硬化性樹脂となる。

ゴムは，弾性を有する高分子である。弾性は塑性に対する対語であり，外力によって変形し，その変形が元に戻る性質である。ゴムの性質が現れるためには，以下の二つの性質が必要である。

a）セグメントの熱運動

b）適度な網目構造（架橋構造）

セグメントとは，高分子鎖の部分的構造単位を意味している。ゴムは，外力がなければセグメントが熱運動によって複雑に折れ曲がり，縮まった状態にある。縮んだセグメントは外力によって伸ばされるが，外力がなくなれば再び縮み，元の状態に戻る。しかし，これは分子鎖が一つの場合であり，分子鎖の集合体である実際の材料では，外力によって分子鎖同士がずれてしまい元には戻らない。そのためゴムとなるためには分子鎖同士の位置関係を保つため，**図20.2**に示したように二つ目の条件である適度な架橋構造が必要となる。なお，架橋が多くなりすぎると熱硬化性樹脂となる。

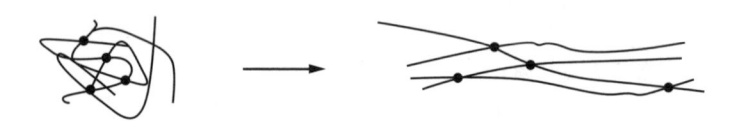

図20.2 伸長によるゴムの構造変化

20.1.4 合成法による分類

高分子化合物を合成するためには，単位となる低分子化合物を数多く共有結合で結ぶことが必要である。このような反応は重合と呼ばれている。単位となる低分子化合物を単量体（monomer, モノマー）と呼び，生成した高分子化合物を重合体（polymer, ポリマー）という。mono は一つを，poly は多数を意

味し，mer は単位である．現在，いろいろな重合法が用いられているが，最も基本の重合法である逐次重合法と連鎖重合法について解説する．

（1） **逐次重合法**　官能基同士の反応による重合法である．単量体は2個（または2個以上）の官能基をもつ分子であり，官能基の反応により2量体を形成する．その2量体には未反応の官能基があるためさらに結合し高分子を形成する．高分子となり，官能基同士の反応ができなくなって反応が停止する．

逐次反応によって重合される代表的な高分子は，ポリアミド，ポリエステルとポリウレタンである．以下に示した反応により，それぞれアミド結合，エステル結合およびウレタン結合が形成されるため，それらの結合体名にポリをつけて命名されている．なお，ポリアミドは製品名であるナイロンという名前が一般的である．

・重縮合反応

ポリアミド（polyamide）

$$HOOC-R-COOH + H_2N-R'-NH_2$$

$$\longrightarrow HOOC-R-\underset{\underset{H}{|}}{\overset{\overset{O}{\|}}{C}}-N-R'-NH_2 + H_2O$$

アミド結合

ポリエステル（polyester）

$$HOOC-R-COOH + HO-R'-OH$$

$$\longrightarrow HOOC-R-\overset{\overset{O}{\|}}{C}-O-R'-NH_2 + H_2O$$

エステル結合

・重付加反応

ポリウレタン

$$OCN-R-NCO + HO-R'-OH$$

$$\longrightarrow OCN-R-\underset{\underset{H}{|}}{\overset{\overset{O}{\|}}{N-C}}-O-R'-OH$$

ウレタン結合

（2） **連鎖重合法**　　二重結合をもつ単量体による重合法である。反応は，反応開始剤と呼ばれる試薬の活性化によって始まる。反応開始剤として，過酸化ベンゾイルなど熱や光で容易に分解する試薬を用いる。分解し活性状態となった開始剤は，単量体の二重結合に付加する。その結果，二重結合を形成していたもう片方の電子がフリーとなり，ラジカルとなって，それ自身が反応性の高い活性種となる。その活性種は，他の単量体と結合するという反応が連続的に起こって高分子を形成する。活性種同士が反応することによって，反応は停止する。

開始反応

$$R-R \longrightarrow 2R^*$$

$$R^* + CH_2=CHR \longrightarrow R-CH_2-\overset{*}{C}HR$$

生長反応

$$\sim\sim CH_2-\overset{*}{C}HR + CH_2=CHR \longrightarrow \sim\sim CH_2-CHR-CH_2-\overset{*}{C}HR$$

停止反応

$$2\sim\sim CH_2-\overset{*}{C}HR \diagup \begin{matrix} \sim\sim CH_2-CHR-CHR-CH_2\sim\sim \\ \sim\sim CH_2-CH_2R + CH=CHR\sim\sim \end{matrix}$$

開始剤

$$\text{Ph-C(O)-O-O-C(O)-Ph} \longrightarrow 2\,\text{Ph-C(O)-O}^*$$

$$\text{Ph-COO}^* \longrightarrow \text{Ph}^* + CO_2$$

過酸化ベンゾイル

　連鎖反応によって重合される代表的な高分子は，**図20.3**に示したポリエチレン，ポリプロピレン，ポリ塩化ビニル，ポリスチレンなどである。

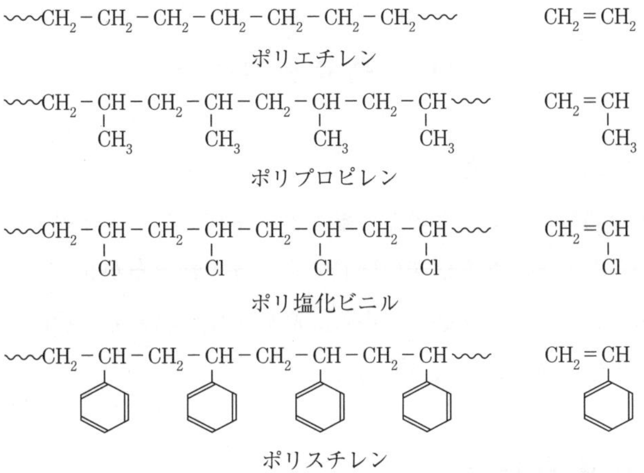

```
~~CH₂-CH₂-CH₂-CH₂-CH₂-CH₂-CH₂~~        CH₂=CH₂
                  ポリエチレン

~~CH₂-CH-CH₂-CH-CH₂-CH-CH₂-CH~~         CH₂=CH
     |      |      |      |                  |
     CH₃    CH₃    CH₃    CH₃                CH₃
                  ポリプロピレン

~~CH₂-CH-CH₂-CH-CH₂-CH-CH₂-CH~~         CH₂=CH
     |      |      |      |                  |
     Cl     Cl     Cl     Cl                 Cl
                ポリ塩化ビニル

~~CH₂-CH-CH₂-CH-CH₂-CH-CH₂-CH~~         CH₂=CH
     |      |      |      |                  |
     (Ph)  (Ph)   (Ph)   (Ph)               (Ph)
                  ポリスチレン
```

図20.3 連鎖重合法による代表的な合成高分子とその単量体

20.1.5 化学組成による分類

1種類の単量体（モノマー）が重合したものをホモポリマー（単一重合体）と呼ぶ．ただし，逐次重合法では2種類の単量体によって1種類の繰り返し結合体が形成されるため，ホモポリマーに含まれる．ホモポリマーの名称は，逐次重合体ではポリアミドのように繰り返し結合体に"ポリ"をつける．連鎖重合法では，ポリエチレンのように単量体にポリをつける．2種類以上の単量体を用いた重合体はコポリマー（共重合体）と呼ばれる．共重合体の名称はポリはつけず，エチレンビニルアルコール共重合体のように，単量体の名称を並べ最後に"共重合体"とつける．なお，構成成分の構造より，ランダム共重合体，交互共重合体，ブロック共重合体，グラフト共重合体とも呼ばれる（図20.4）．

```
ランダム共重合体    -A-B-B-A-B-A-A-B-A-

交互共重合体        -A-B-A-B-A-B-A-B-A-

ブロック共重合体    -A-A-A-A-B-B-B-B-B-

グラフト共重合体              B-B-B-B-
                   -A-A-A-A-A-A-A-A-
                              B-B-B-B-
```

図20.4 2種類のモノマーから形成される共重合体

20.2 高分子の特徴

20.2.1 分子量分布

　高分子化合物は，タンパク質や核酸などの生体高分子を除いては，一般に分子量分布が存在する。基本構造は同じでも，分子量分布が異なるといろいろな性質が異なることは注意が必要である。高分子化合物の分子量は，数平均分子量や重量平均分子量などで表される。

20.2.2 立体規則性

　主鎖についている置換基の立体的配置によって，高分子の性質が異なっている。その立体的配置は，図20.5のように三つのケースに分けられる。規則的に片方のみに結合した（a）アイソタクチック，不規則についた場合を（c）アタクチック，上下交互に規則的に結合した（b）シンジオタクチックという。線状高分子でもアタクチックでは鎖同士の配列が困難となり，繊維をつくることができない。一般に用いられているポリプロピレンはアイソタクチック

（a）アイソタクチック

（b）シンジオタクチック

（c）アタクチック

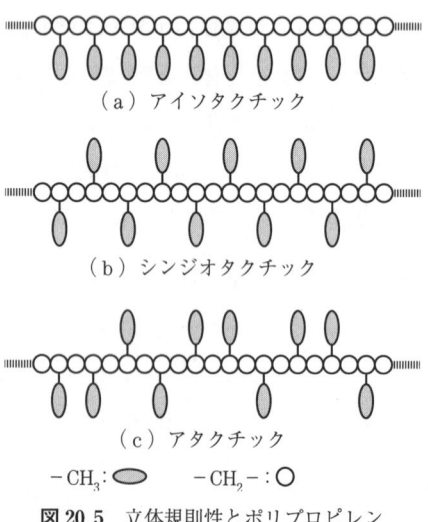

$-CH_3$：⬬　　$-CH_2-$：◯

図 20.5　立体規則性とポリプロピレン

20.2.3 結晶構造

立体規則性のある高分子は配列が可能であり，高分子の結晶ができる。しかし，高分子は大きな分子であるため，必ず不規則な配列部分が含まれる。そのため，結晶領域の占める割合は高分子の種類や結晶形成条件によって異なってくる。その割合は結晶化度と呼ばれており，高分子の物理的・力学的性質に大きな影響を与える。高分子の結晶構造は，ラメラと呼ばれる折りたたまれた板状の結晶構造が基本となる。

図 20.6 のように，繊維では延伸によりラメラが一方向に配列した結晶構造を形成している。プラスチックの場合も立体規則性の線状高分子では結晶構造をつくることができる。その構造は球晶と呼ばれ，ラメラが積層した構造となることが知られている。結晶領域を形成できる高分子を結晶性高分子と呼ぶのに対し，結晶を形成できない高分子は無定型高分子（アモルファスポリマー）とも呼んでいる。枝分かれ高分子は無定型高分子である。

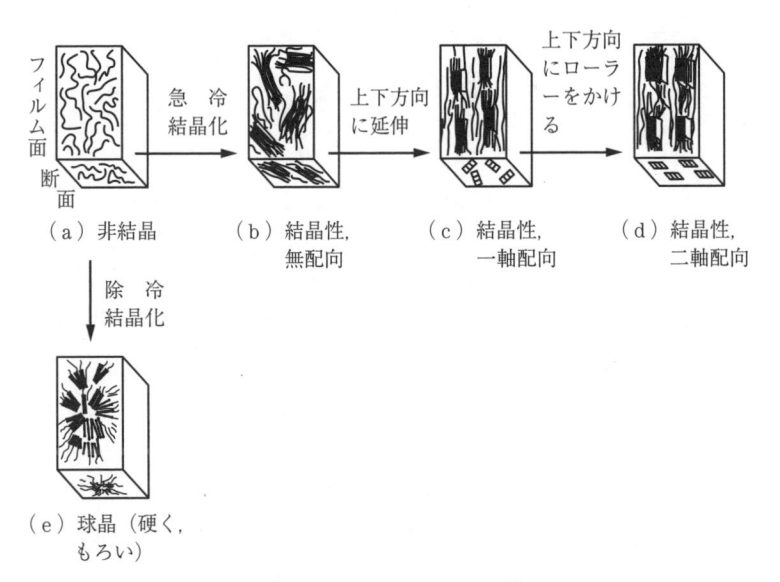

図 20.6　高分子の結晶と配向[32]

コーヒーブレイク

人工の絹―ナイロンの誕生―

　はじめて作られた合成繊維がナイロンです．1937年，デュポンという化学会社の研究者であったW.H.カローザスによって生み出されたのです．その開発の目標は，絹に代わる繊維でした．

　絹はフィブロインというタンパク質からできていて，非常に強い繊維です．フィブロインがβ-シート構造を形成し，たがいに配列するために，強い構造体となっています．タンパク質の繰り返し構造体はペプチド結合と呼びますが，これはアミド結合であるわけです．カローザスはこのアミド結合の繰り返し構造が絹の性質の基であると考え，アミド結合による高分子の合成を試みたのでした．いろいろな化合物を試したようです．その中で，ヘキサメチレンジアミンとアジピン酸の組み合わせに至り，優れた繊維を生み出すことに成功しました（図20）．

　ヘキサメチレンジアミンとアジピン酸は，コークス炉から出るベンゼンを原料としてつくりました．その過程で，空気中の酸素や窒素も利用したため，ナイロンがはじめて発売されたとき，「石炭と空気と水からつくられた，クモの糸より細く鋼鉄より強い繊維」といううたい文句が，宣伝に使われたといいます．

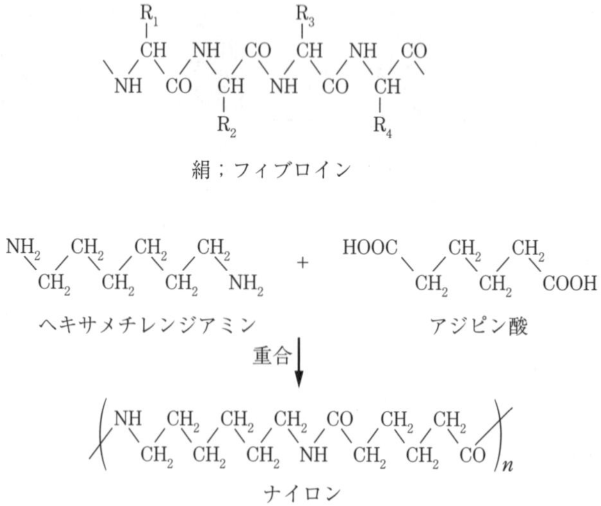

絹；フィブロイン

ヘキサメチレンジアミン ＋ アジピン酸

重合 ↓

ナイロン

図20　天然の絹フィブロインと人工の絹ナイロン

20.2.4 熱 的 性 質

線状高分子や枝分かれ高分子では，温度を上げれば溶けた状態になる。これは低分子化合物と同様に，固体が液体に変化したことを意味しており，その温度が融点となる。ただし高分子は分子量分布があり，また結晶状態が異なっているため，低分子化合物のような明確な温度とならないことが特徴である。

高分子では，もう一つガラス転移温度が重要である。この温度は，非晶領域の分子運動に関する温度である。ガラス転移温度以上では，非晶領域の運動が始まる。それ以下の温度では分子運動が凍結される。ゴムは，ガラス転移温度以上ではじめて弾性を示す。ガラス転移温度以下では，ゴムはプラスチックとなる。

ま と め

1. 高分子をその構造から分類すると，線状高分子，枝分かれ高分子，網目状高分子に分けられる
2. 繊維は線状高分子を一方向に配列したものである
3. プラスチック（樹脂）は高分子が固形状になっているもので，熱可塑性高分子と熱硬化性高分子がある
4. 熱可塑性樹脂は，線状高分子または枝分かれ高分子によって形成される
5. 熱硬化性樹脂は，網目状高分子からなっている
6. ゴムの性質となるためには，セグメントの熱運動と適度な網目構造（架橋）が必要である
7. 高分子の合成は重合と呼ばれ，逐次重合法と連鎖重合法に大別できる
8. 立体規則性がある高分子では，結晶構造を形成できる
9. 枝分かれ高分子など，結晶構造を形成できない高分子を無定型高分子（アモルファスポリマー）とも呼んでいる

演 習 問 題

20.1 天然高分子を三つ述べよ。
20.2 繊維を形成できる高分子をその構造から述べよ。
20.3 熱可塑性樹脂と熱硬化性樹脂とはなにか述べよ。
20.4 ゴムとなるために必要な構造上の特徴を述べよ。
20.5 逐次重合法と連鎖重合法とはなにか述べ，その重合法によりつくられる高分子をそれぞれ三つ挙げよ。
20.6 高分子の立体規則性とはなにか述べよ。
20.7 ガラス転移温度とはなにか述べよ。

付　　　　　録

A 1　有機化合物の命名法

　有機化合物の名称は，自然界から産出された化合物を，発見者や研究者がその化合物の出所や特性などを表すラテン語や学名からつけていた．酢酸は酢（ラテン語 acetum）の成分の酸であるから acetic acid という具合にである．しかし，有機化合物の種類が増すにつれ，体系的な命名法が必要となった．「国際純正および応用化学連合」International Union of Pure and Applied Chemistry（略称 IUPAC）が結成され，体系的命名法が定められた．それが IUPAC 命名法である．

　その命名法の特徴は，名称をみればその化合物の構造がわかるような体系でつくられている．しかし，比較的簡単な基本的化合物については，IUPAC は従来の名称を慣用名として認めており，現在も使われている．以下に，IUPAC 命名法に基づいた有機化合物の命名法を簡単にまとめる．

1.1　命名法における基本構造

　有機化合物は，炭化水素または複素環炭化水素を母体として，色々な置換基が結合したものである．そのため体系名は，接頭語，母体名，多重結合を表す接尾語，主官能基の四つの部分から構成されている．

1. 接頭語：主たる炭素鎖や環にどのような置換基が存在するかを示す部分
2. 母体名：主たる炭素鎖の炭素数や環の大きさや構造を示す部分
3. 多重結合を表す接尾語：二重結合や三重結合の存在を示す部分
4. 主官能基：その分子が属する主たる官能基群を示す部分

　以下に，三つの化合物を例にとり，その構成と各部分に対応する名称を示す．なお，数字番号のつけ方は後述する．

例	1 接頭語	2 母体名	3 多重結合の接尾語	4 主官能基
4-クロロ-2-ペンタノン 4-chloro-2-pentanone	4-クロロ 4-chloro-	ペンタ pent-	アン an	2-オン 2-one
4,5-ジメチル-2-ヘキセン 4,5-dimethyl-2-hexene	4,5-ジメチル 4,5-dimethyl	ヘキサ hex-	2-エン 2-ene	
2-メチル-2-シクロヘキセンカルボン酸 2-mthyl-2-cyclohexenecarboxylic acid	2-メチル 2-mthyl	シクロヘキサ cyclohex-	2-エン 2-ene	カルボン酸 carboxylic acid

$^5CH_3-^4CH_2-^3CH_2-\overset{\overset{\text{Cl}}{|}}{^2C}-^1CH_3$ 4-クロロ-2-ペンタノン
$\qquad\qquad\qquad\quad\parallel$
$\qquad\qquad\qquad\quad O$

$^6CH_3-^5CH_2-^4CH_2-\overset{\overset{CH_3}{|}}{^3CH}=^2\overset{\overset{CH_3}{|}}{CH}-^1CH_3$ 4,5-ジメチル-2-ヘキセン

2-メチル-2-シクロヘキセンカルボン酸

1.2 母体名

　母体名とは，有機化合物の基本骨格となる母体構造を表す名称である。ここで有機化合物を母体構造の観点から改めて分類すると以下のようになる。

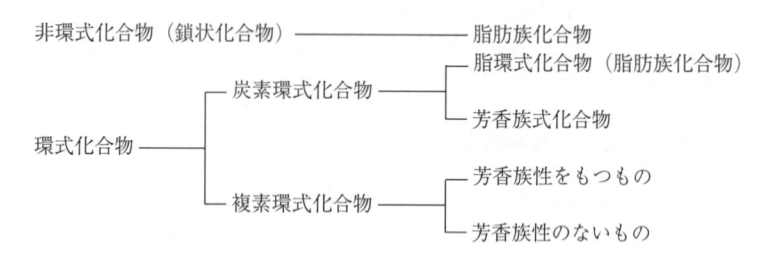

```
非環式化合物（鎖状化合物）──────── 脂肪族化合物
                    ┌─ 炭素環式化合物 ┬─ 脂環式化合物（脂肪族化合物）
環式化合物 ─────┤                └─ 芳香族式化合物
                    └─ 複素環式化合物 ┬─ 芳香族性をもつもの
                                      └─ 芳香族性のないもの
```

　非環式化合物は，アルカンやアルケンなどの鎖状炭化水素を基本骨格とする化合物である。これらの化合物では，基本的には最も長い炭素鎖を母体名とする。その名称は，表 14.1 に記載した飽和炭化水素であるアルカン名に基づいている。
　脂環系脂肪族化合物は環状構造を形成した炭化水素であるが，同じ炭素数をもつアルカン名にシクロをつける。芳香族系化合物はベンゼン構造を有する化合物であり，ベンゼンの誘導体として命名するが，トルエンやスチレンなど慣用名も使用されている。ベンゼンが後述する主官能基となる官能基をもつアルカンや，炭素数が 7 個以上のアルカンに結合しているときは，母体構造としてではなく置換基として扱われる。その場合，ベンゼンはフェニル基と呼ばれる。環状構造複素環式化合物とは，ヌクレオチドの塩基にみられたような窒素などを基本骨格内に含む化合物である。複素環式化合物は，非常に複雑な構造となる場合もあり，命名法の詳細は省略する。

1.3 多重結合を表す接尾語

　IUPAC 命名法では，**付表 1.1** に示すように多重結合を表す語は母体名の直後にお

付録　203

付表 1.1　多重結合を表す接尾語を有する炭素数 4 の化合物の例

接尾語	意味	例	
アン -ane	多重結合がない	ブタン butane	$CH_3-CH_2-CH_2-CH_3$
エン -ene	二重結合を一つもつ	1-ブテン 1-butene	$^1CH_2=^2CH-^3CH_2-^4CH_3$
イン -yne	三重結合を一つもつ	1-ブチン 1-butyne	$H-^1C≡^2C-^3CH_2-^4CH_3$
ジエン -diene	二重結合を二つもつ	1,3-ブタジエン 1,3-butadiene	$^1CH_2=^2CH-^3CH=^4CH_2$

かれ，二重結合や三重結合が存在するかどうかを示す。二重結合が一つの場合，母体名の接尾語としてエン（-ene）を，二つの場合はジエン（-diene）をつける。三重結合ではイン（-yne）となる。炭素–炭素多重結合がない場合はアルカン名そのままに，アン（-ane）が母体名の接尾語となる。

1.4　主官能基

官能基をもつ化合物において，その化合物名の最後につけられる官能基，すなわち語尾名となる官能基を主官能基と呼んでいる。主官能基となることができる官能基は表 13.2 にまとめた。一つの母体名の接尾語としては，一つの官能基しか使用しない。主官能基が一つの化合物では，当然ながらその官能基名となる。官能基が多種類ある場合，接尾語として一つを選ばなければならない。接尾語としてどの官能基を選ぶかは，表 13.2 に示した優先順位により決められる。主官能基となった官能基は，表 13.2 の語尾名となる。代表的な官能基と接尾語となった語尾名を**付表 1.2** に示す。

付表 1.2　官能基とその接尾語

官能基	接尾語
アルコール	-ol（オール）
アミン	-amine（アミン）
アルデヒド	-al（アール）
ケトン	-one（オン）
カルボン酸	-oic acid（酸）

優先順位が低く，主官能基に選ばれなかった残りの官能基は，すべて接頭語置換基となる。なお，表 13.2 にまとめた官能基以外にも多くの官能基があるが，それらは副官能基と呼ばれ，語尾語とはなれない官能基である。

1.5　接頭語となる置換基

置換基もしくは置換原子とは，水素原子に入れ替わって炭素骨格に結合している原

子または原子団である．その置換位置は，後述する位置番号で決められる．置換基が炭素ではなく，窒素，酸素，硫黄などのヘテロ原子に置換している場合には，その置換位置はイタリックの *N, O, S* で表される．

付表 1.3 には，一般的な置換基を示した．

付表 1.3　一般的な置換基の接頭語

置換基	接頭語	置換基	接頭語	置換基	接頭語
$-R$	アルキル alkyl-	$-Cl$	クロロ chloro-	$-NO_2$	ニトロ nitro-
$-OR$	アルコキシ alkoxy-	$-C\equiv N$	シアノ cyano-	$-SH$	メルカプト mercapto-
$-\underset{CH_3}{\overset{O}{C}}-$	アセチル acetyl-	$-F$	フルオロ fluoro-	$=O$	オキソ oxo-
$-NH_2$	アミノ amino-	$-\underset{H}{\overset{O}{C}}-$	ホルミル formyl-	$-O-\bigcirc$	フェノキシ phenoxy-
$-Br$	ブロモ bromo-	$-OH$	ヒドロキシ hydroxy-		
$-COOH$	カルボキシ carboxy-	$-I$	ヨード iodo-		

　二つ以上の同じ種類の置換基が存在するときには，置換基の数を示す接頭語を置換基名の前につける．二つはジ (di-)，三つはトリ (tri-)，四つはテトラ (tetra-) となる．多種類の置換基がある場合は，英語置換基名の頭文字のアルファベット順で配列される．

1.6　位　置　番　号

　置換基や複数の多重結合の位置を記すため，母体の炭素の位置番号をつけることが必要であり，その位置番号のつけ方は以下の手順で決められる．

　1）非環式化合物で主官能基が一つの場合　　主官能基がついているいちばん長い炭素鎖を主鎖（母体構造）とし，その官能基が含まれるかついている炭素を1位とする．

$$^7CH_3-{}^6CH_2-\underset{Br}{{}^5CH}-{}^4CH_2-\underset{CH_3}{{}^3CH}-{}^2CH_2-{}^1CN$$

5-ブロモ-3-メチルヘプタンニトリル

　この化合物の主官能基はニトリル（-CN）であり，その炭素が1位となる．最も長い炭素鎖を母体構造とするため，炭素数7のヘプタンとなる．臭素（Br）とメチル

基（-CH₃）は接頭語置換基となる．

　2）非環式化合物で主官能基が多数の場合　　最多数の主官能基をもつ鎖を主鎖として，その官能基が含まれるかついている炭素の番号が小さくなる方を1位とする．

$$\begin{array}{c} \text{OH} \\ | \\ ^5\text{CH}_3-^4\text{CH} \\ | \\ ^3\text{CH}-^2\text{CH}_2-^1\text{CH}_2-\text{OH} \\ | \\ ^4\text{CH}_3-^3\text{CH}_2-^2\text{CH}_2-^1\text{CH}_2 \end{array}$$

3-ブチル-1,4-ペンタジオール

この化合物は主官能基であるヒドロキシ基が2個あり，接尾語は二つのヒドロキシ基，すなわちジオールとなる．それらがついているアルカンは炭素数が5個であり，ペンタンが母体構造となる．ペンタンの3位に水素の代わりに炭素数4個のアルキル基が置換基としてついているため，ブチルという接頭語をつける．

　3）非環式化合物で主官能基と多重結合がある場合　　主官能基を含むか，それがついている炭素を1位とし，多重結合を形成している炭素の小さな方の番号をつける．

$$^5\text{CH}_3-^4\text{C}\equiv^3\text{C}-^2\text{CH}_2-^1\text{CH}_2-\text{OH}$$

3-ペンチン-1-オール

この化合物の主官能基はヒドロキシ基 -OH であり，接尾語はオールとなる．炭素数が5個のため母体名はペンタであり，3位と4位の炭素に三重結合（イン）があるので，3-ペンチンとなる．

　4）非環式化合物で主官能基がなく，多重結合がある場合　　付表1.1に示されているように，多重結合の炭素がいちばん小さくなるように番号をつける．分岐がある複雑な構造である炭化水素では，最多数の多重構造を有する炭素鎖を母体構造とする．

下の例のように，その炭素数が同じである場合は，最多数の二重結合を有する炭素鎖を母体構造とし，多重結合の炭素の番号が小さくなるように番号をつける．

$$\begin{array}{c} ^9\text{CH}_3-^8\text{CH}_2-^7\text{C}=^6\text{C} \\ | \\ ^5\text{CH}-^4\text{CH}-^3\text{CH}=^2\text{CH}_2-^1\text{CH}_3 \\ | \\ ^4\text{CH}_3-^3\text{CH}_2-^2\text{CH}\equiv^1\text{CH} \end{array}$$

5-(ブチ-1-イニル)ノナ-2,6-ジエン

この化合物の分岐における炭素数は同じであるため，二重結合を2個有する炭素鎖が母体構造となる．炭素数が9であるため，母体名はノナであり，2位と6位に二重結合があるためジエンとなる．三重結合を有する分岐は置換基となる．その1位の位置に三重結合があるためブチ-1-イニルとなる．また，分岐がついている母体構造の位置が5位であるため，その番号を先頭につける．

5）脂環式化合物の場合　これまで解説した非環式脂肪族化合物と同様に位置を決める．主官能基がついている化合物では，その炭素を1位とし，環に沿って進む．番号の方向は，右回りと左回りで最初に違いが生じた地点で，番号が小さくなる方を選ぶ．

2-メチル-2-シクロヘキセンカルボン酸

6）芳香族化合物の場合　芳香族の場合も同様であり，主官能基がついた炭素を1位とし，環に沿って進む．番号の方向は，右回りと左回りで最初に違いが生じた地点で，番号が小さくなる方を選ぶ．慣用名として認められているトルエンは，メチル基のついた炭素を1位とする．他の慣用名でも，その置換基を1位として番号付けしている．

2,6-ジブロモフェノール　　　2-クロロ-4-ニトロトルエン

1.7　日本語名と日本語訳の通則

IUPAC命名法で書かれた化合物を日本語にする場合，以下の三つの形があるため，注意が必要である．

1）日本語に翻訳する場合
　　例）acetic acid ⟶ 酢酸，benzonic acid ⟶ 安息香酸
2）英語をそのままカタカナにする場合
　　例）butane ⟶ ブタン，ethanol ⟶ エタノール
3）両者を併用する場合
　　例）ethyl acetate ⟶ 酢酸エチル　2）によれば　エチルアセテート
　　　　benzoyl chloride ⟶ 塩化ベンゾイル
　　　　　　　　　　　　　2）によればベンゾイルクロライド

1) の翻訳名は，IUPAC 命名法でその使用が認められている慣用名のうち，対応する日本語が古くからあるものについて用いられる。ギ酸，酢酸，酪酸，酒石酸などカルボン酸に多い。また，元素名も鉄や硫黄などの日本語名が用いられている。

2) の字訳名は，原則とすべきものとして，多くの化合物で使われている。ただし，ナトリウムやカリウムなどドイツ語の字訳が日本語として定着したものは，英語の sodium や potasium を字訳せずに従来のまま用いている。ドイツ語字訳で使われている化合物名としては，アルコール，エーテル，グリセリンなども拳げられる。英語字訳であれば，アルコホール，エテル，グリセロールとなるが，ドイツ語字訳が用いられている。

A2 医療における慣用単位と国際単位

体の中，医療の中の諸量を表すさまざまな単位が登場してきた。化学，物理，生物さらには医学において用いられているこれらの単位を正しく使えるようになることは重要である。ここでは 1960 年に制定された国際単位を記述し，医療現場でよくでてくる単位について基本単位からの導出，慣用単位との換算を述べる。

2.1 医療分野でよく使用する単位

健康診断を例にとって登場する単位をみてみよう。体重はキログラム kg，身長はセンチメートル cm，肺活量は cc，血圧は mmHg，総コレステロールはミリグラム毎デシリットル mg/dl。質量の単位である kg は，マウスなどの小動物を測るときにはグラム g が便利であり，距離を表す cm は，陸上競技場では m, km で用いることが多い。肺活量測定で慣用的に用いられている cc は体積を表す単位で ml, cm^3 と等しい（1cc＝1ml＝1cm^3）。血圧測定で用いられている水銀柱 mmHg は，分野によってさまざまな圧力の単位が使用されてきた。気圧は atm，ミリバール mmbar，ボンベの圧力は Kg/cm^2。血液中の物質の量，すなわち濃度を表す単位もまちまちである。濃度とはある体積中に存在する物質の量であるので，体積をどのようにとるのか，物質の量をどのように表すかによってさまざまな単位が生まれる（6章）。コレステロールは 1 デシリットル（すなわち，100 ml）当たりのコレステロールの質量を mg で表したもの mg/dl，Na$^+$ 濃度は 1 リットル（すなわち，1 000 ml）当たりのナトリウムイオン Na$^+$ の当量数 Eq の千分の 1 の単位で表した mEq/l である。

健康診断結果のシートの中ですらこのようにさまざまな表し方がある理由は，単位自身が，身近な生活から必然的に生まれた尺度であるからである。したがって，分野や地域，文化により多種多様な単位が生まれ，多岐に派生してきたことも納得できる。

2.2 国際単位系（SI）

人や物の流通が盛んになると，異なった単位では不便なことが多くなる。そこで登場したのが国際単位である。長さの単位一つとっても m，インチ in，フィート ft，ヤード yd，一昔前の日本で使っていた尺や寸と多岐にわたり，これらを統一するのであるからじつに長い年月を要した。1875 年にメートル条約が締結された後，1960 年に国際単位系が採択されるまで，じつに 85 年間であった。SI は正式名称「Système International d'Unités」の略語である。SI は七つの基本単位，二つの補助単位，それらの組合せでできる組立単位から構成される SI 単位と，それらの 10 の整数倍数を表す SI 接頭語から構成される（**付表 2.1**）。

付表 2.1 SI の構成

$$\text{SI} \begin{cases} \text{SI 単位} \begin{cases} \text{基本単位} \\ \text{補助単位} \\ \text{組立単位} \end{cases} \\ \text{SI 接頭語：10 の整数乗倍の接頭語} \end{cases}$$

2.2.1 SI 基本単位

SI 基本単位はあらゆる単位を表す基本的な単位として，たがいに独立な七つの量が選ばれた。おのおの，普遍的な基準で定義されている（**付表 2.2**）。

付表 2.2 SI 基本単位

量	名 称	記号
長さ	メートル	m
質量	キログラム	kg
時間	秒	s
電流	アンペア	A
温度	ケルビン	K
物質量	モル	mol
光度	カンデラ	cd

長さ m：光が 2 億 9 979 万 2 458 分の 1 秒の間に伝わる距離（真空中）
　［解説］　光の伝わる速度（光速）は真空中で一定である。光速 = 299 792 458 m/s
　　　　　（秒速 30 万キロメートル）= m/(1 ÷ 299 792 458) s
質量 kg：国際キログラム原器（プラチナとイリジウムの合金）の質量
　［解説］　基本単位の中で唯一，「法則」に基づかない基準である。
時間 s：セシウム 133（^{133}Cs）をあるエネルギー準位に遷移させる電磁波の波の数，

91億9263万1770個を放射するのに必要な時間
- [解説] 原子はある特定の電磁波を吸収し，エネルギー準位の高い状態となる．この電磁波の1秒当たりの波の数，すなわち周波数は原子の種類に特異的である．^{133}Cs は周波数 9 192 631 770 Hz の電磁波を吸収し基底状態から二つの超微細準位に遷移する．

電流 A：1メートルの間隔でおかれた導体のおのおのを流れ，導体間に 2×10^{-7} ニュートンの力を及ぼし合う不変の電流
- [解説] 電流が流れると磁気が生じる．2本の平行な導体に電流が流れるとおのおのの磁気が生じ，その作用でたがいに力を及ぼし合うことになる．この力を 2×10^{-7} ニュートンとしたときの電流を1アンペアと定義した．導体は無限長で抵抗なし，真空中と仮定している．

温度 K：水の融点と沸点の間隔の百分の1
- [解説] セルシウス温度は水の融点を 0℃，沸点を 100℃ と定義した．100等分した1目盛は1℃である．絶対温度では水の融点は 273.15 K，沸点は 273.15 + 100 = 375.15 K であり，0 K は絶対零度，セルシウス温度では −273.15℃ である．したがって，両者間には K = 273.15 + ℃ が成り立つ．

光度 cd：立体角（ステラジアン，sr）の中へ放射する光束の量（lm/sr）
- [解説] 光束 lm は明るさを表す量で，光の物理的エネルギー量である放射束とそれを感知する眼の感度を積算して表した基準である．その光束が 1 sr の放射角で放射する量をカンデラと呼ぶ．

物質量 mol：物質が 6.02×10^{23} 個集合した量
- [解説] 1個の質量が 19.926×10^{-24} g の炭素12（^{12}C）を集めて12gの質量にするために必要な数がアボガドロ数（6.02×10^{23}）である．同じ物質がアボガドロ数個集まれば1モルとなる．

2.2.2 SI 補助単位

SI 補助単位には平面角と立体角がある（**付表 2.3**）．

付表 2.3 SI 補助単位

量	名　称	記号
平面角	ラジアン	rad
立体角	ステラジン	sr

平面角 rad：円の周上でその半径と等しい長さの弧を切り取る2本の半径の間に含まれる平面角．
- [解説] 弧の中心角は弧と半径の相対的な長さで決まる．1° = $(\pi/180)$ ラジアン

立体角 sr：球の中心を頂点とし，その球の半径を一辺とする正方形の面積と等しい面積をその球の表面上で切り取る立体角。

2.2.3 SI 組 立 単 位

付表 2.4 に示すように基本単位の積と商で，さまざまな物理量を表現することができる。

付表 2.4　組立単位

量	名　称	記号
面積	平方メートル	m^2
体積	立方メートル	m^3
速さ	メートル毎秒	m/s
加速度	メートル毎秒毎秒	m/s^2
波数	毎メートル	m^{-1}
密度	キログラム毎立方メートル	kg/m^3
比体積	立方メートル毎キログラム	m^3/kg
電流密度	アンペア毎平方メートル	A/m^2
磁界の強さ	アンペア毎メートル	A/m
輝度	カンデラ毎平方メートル	cd/m^2

付表 2.5 は特別な名称を用いて表される SI 組立単位で，医療においても重要であるので系統的に習得することを勧める。例えば，力学の重要な物理量である力は，質量 kg と加速度 ms^{-2} の積 $m\cdot kg\cdot s^{-2}$ で表される。これは記号 N で記し，ニュートンと称する。物理学者ニュートンに因んだ名称である。単位面積当たりに加わる力，すなわち「力÷面積」は圧力であり，記号 Pa，名称パスカル，SI 単位表示は $m^{-1}\cdot kg\cdot s^{-2}$ である。1N の力を 1m 作用すると，1Nm（N·m）の仕事となる。力積ともいわれる。記号 J，名称ジュール，SI 単位表示は $m^2\cdot kg\cdot s^{-2}$ である。1秒当たりの仕事は仕事率，工率と呼ばれる。記号 W，名称ワット，SI 単位表示は $m^2\cdot kg\cdot s^{-3}$ である。N を基点に Pa，J，W と系統立て捉えると理解しやすい。

電気，磁気に関連する単位は，電荷クーロン C を基点として系統立てるとわかりやすい。1秒間に移動する電荷量，すなわち Cs^{-1} は電流 A である。電流と電圧の積は仕事率と同じ単位の W（＝A×V）である。したがって，電圧 V＝W/A，名称はボルト，SI 単位表示は $m^2\cdot kg\cdot s^{-3}\cdot A^{-1}$ である。オームの法則に則れば，抵抗オーム Ω は VA^{-1} である。SI 単位表示は $m^2\cdot kg\cdot s^{-3}\cdot A^{-2}$ である。抵抗の逆数コンダクタンス AV^{-1} は電流の流れやすさを意味し，記号 S，名称はジーメンス，SI 単位表示は $m^{-2}\cdot kg^{-1}\cdot s^3\cdot A^2$ である。

付表 2.5 特別な名称を用いて表される SI 組立単位の例

量	名称	記号	他のSI単位による表示	SI単位による表示
周波数	ヘルツ	Hz		s^{-1}
力	ニュートン	N		$m \cdot kg \cdot s^{-2}$
圧力・応力	パスカル	Pa	N/m^2	$m^{-1} \cdot kg \cdot s^{-2}$
エネルギー・仕事・熱量	ジュール	J	$N \cdot m$	$m^2 \cdot kg \cdot s^{-2}$
工率・放射束	ワット	W	J/s	$m^2 \cdot kg \cdot s^{-3}$
電気量・電荷	クーロン	C		$s \cdot A$
電位・電圧・起電力	ボルト	V	W/A	$m^2 \cdot kg \cdot s^{-3} \cdot A^{-1}$
静電容量	ファラッド	F	C/V	$m^{-2} \cdot kg^{-1} \cdot s^4 \cdot A^2$
電気抵抗	オーム	Ω	V/A	$m^2 \cdot kg \cdot s^{-3} \cdot A^{-2}$
コンダクタンス	ジーメンス	S	A/V	$m^{-2} \cdot kg^{-1} \cdot s^3 \cdot A^2$
磁束	ウェーバ	Wb	$V \cdot s$	$m^2 \cdot kg \cdot s^{-2} \cdot A^{-1}$
磁束密度	テスラ	T	Wb/m^2	$kg \cdot s^{-2} \cdot A^{-1}$
インダクタンス	ヘンリー	H	Wb/A	$m^2 \cdot kg \cdot s^{-2} \cdot A^{-2}$
セルシウス温度	セルシウス度	℃		K
光束	ルーメン	lm		$cd \cdot sr$
照度	ルクス	lx	lm/m^2	$m^{-2} \cdot cd \cdot sr$
放射能	ベクレル	Bq		s^{-1}
吸収線量	グレイ	Gy	J/kg	$m^2 \cdot s^{-2}$
線量当量	シーベルト	Sv	J/kg	$m^2 \cdot s^{-2}$

2.2.4 SI 接 頭 語

長さの SI 単位 m の千分の一を 0.001 m と表すことができる。その千分の一は 0.000001 m となるが，この表示は面倒である。そこで，適当な桁ずつ記号化すると都合がよい。3桁を基本とするが，10^{-3} から 10^3 の間は補間されている（**付表 2.6**）。

付表 2.6 SI 接 頭 語

10^n	表記	名称	読み方	10^n	表記	名称	読み方
10^{18}	E	exa	エクサ	10^{-18}	a	atto	アト
10^{15}	P	peta	ペータ	10^{-15}	f	femto	フェムト
10^{12}	T	tera	テラ	10^{-12}	p	pico	ピコ
10^9	G	giga	ギガ	10^{-9}	n	nano	ナノ
10^6	M	mega	メガ	10^{-6}	μ	micro	マイクロ
10^3	k	kilo	キロ	10^{-3}	m	milli	ミリ
10^2	h	hecto	ヘクト	10^{-2}	c	centi	センチ
10^1	da	deka	デカ	10^{-1}	d	deci	デシ

使い方の例を挙げれば，圧力また応力の単位では 1 000 Pa は 1 kPa, 1 000 000 は 1 MPa, 1 000 000 000 Pa は 1 GPa と記す。骨のヤング率は約 20 GPa である。物質量モルでは，千分の一は mmol, 百万分の一は μmol と表す。最近の論文では fmol（すなわち，10^{-15} mol）まで使われている。

2.3 慣用単位と単位換算

医療分野では従来から用いられている単位（慣用単位）が広く浸透しているため，その使用が今でも許されている。例えば，血圧 100 mmHg は Pa で換算すると 13 332 Pa すなわち，13.332 kPa である。その際に役立つのが換算係数である。後見返しに医療現場でよく出てくる代表的な単位の換算係数を掲載してある。

1 atm = 760 mmHg。1 mmHg = 133.322 Pa。1 atm = 760 × 133.322 = 101 325 Pa = 101.325 kPa と換算できる。

引用・参考文献

1) 日本化学会編：化学ってそういうこと，化学同人（2003）
2) コメディカルサポート研究会訳：解剖生理学，医学書院MYW（1998）
3) 貴邑冨久子，根来英雄：シンプル生理学，南江堂（2006）
4) 田宮信夫ほか訳：ヴォート生化学，東京化学同人（2000）
5) 水谷　仁編：「生命」とは何か，ニュートン別冊，ニュートンプレス（2007）
6) 人工臓器学会編：人工臓器はいま，はる書房（2003）
7) 人工臓器学会編：人工臓器イラストレイティド，はる書房（2007）
8) 堀内　孝，村林　俊：医用材料工学（臨床工学シリーズ），コロナ社（2003）
9) 小野哲章ほか編：臨床工学技士標準テキスト，金原出版（2003）
10) 能勢之彦ほか監修：Oxgenator，ICAOT/ICMT Press（2001）
11) 日本化学会編：化学便覧 改訂5版，丸善（2004）
12) 水谷　仁編：化学，ニュートン別冊，ニュートンプレス（2010）
13) 小出直之ほか：ビギナーズ化学，化学同人（2005）
14) 日本化学会編：化学便覧 改訂4版，丸善（1993）
15) 水谷　仁編：周期表，ニュートン別冊，ニュートンプレス（2007）
16) Brady, JE：General Chemistry，John Wiley & Sons（1990）
17) アトキンス：物理化学，東京化学同人（2002）
18) 大野公一ほか：例題で学ぶ化学入門，共立出版（2005）
19) Guyton：Medical Physiology，Igakushoin（1976）
20) 国立天文台編：理科年表，丸善（2008）
21) David S. Goodsell and the RCSB PDB. Molecular of The Month, No.46（2003）
22) 数研出版編集部編：化学図録，数研出版（2005）
23) 山本行男訳：クリック！有機化学，化学同人（2005）
24) 中西香爾ほか訳：モリソン・ボイド 有機化学，東京化学同人（2001）
25) 小林啓二：基礎有機化学，朝倉書店（2005）
26) 児玉三明ほか訳：マクマリー 有機化学 第6版，東京化学同人（2005）
27) 山科敏祐監修：レーニンジャー 新生化学 第4版，廣川書店（2008）
28) 秋葉欣哉，奥　彬：ハート 基礎有機化学 三訂版，培風館（2002）
29) 村松　正監訳：ベッカー 細胞の世界，西村書店（2005）
30) 川嵜敏祐監訳：キャンベル・ファーレル 生化学，廣川書店（2004）
31) 中村桂子ほか監訳：細胞の分子生物学 第3版，教育社（2008）
32) 土田英俊：高分子の科学，培風館（1975）
33) 村田道雄，木村　凌監訳：ソレル 有機化学，東京化学同人（2009）
34) 計量管理協会編：SI単位の活用ハンドブック（1982）

演習問題解答

【3章】

3.1 窒素，酸素，アルゴン，二酸化炭素，ほか

3.2 純物質（c），（d），　混合物（a），（b），（e）

3.3 同じ

3.4 3:8　　3.5 6.022×10^{23} 個

【4章】

4.1 s, p, d, f

4.2 s:1, p:3, d:5, f:7

4.3 s:2, p:6, d:10, f:14

4.4 1s, 2s, 2p, 3s, 3p, 4s, 3d, 4p, 5s, 4d, 5p, 6s, 4f, 5d, 6p, 7s, 5f, 6d

4.5 $_{22}$Ti $1s^2 2s^2 2p^6 3s^2 3p^6 4s^2 3d^2$,　$_{27}$Co $1s^2 2s^2 2p^6 3s^2 3p^6 4s^2 3d^7$

4.6 $_2$He $1s^2$,　$_{10}$Ne [He] $2s^2 2p^6$,　$_{18}$Ar [Ne] $3s^2 3p^6$,　$_{36}$Kr [Ar] $4s^2 3d^{10} 4p^6$
　　$_{54}$Xe [Kr] $5s^2 4d^{10} 5p^6$,　$_{86}$Rn [Xe] $6s^2 4f^{14} 5d^{10} 6p^6$

4.7 2個　　H, He

4.8 解図1参照

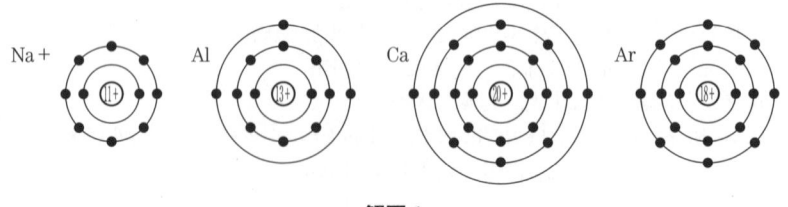

解図1

【5章】

5.1 最外殻電子数が同じであるから

5.2 （1）B Cl Kr Si Sb Sr Zn O H C Ca Hg P Cd S
　　（2）Fe Sc Cr Cu Ti
　　（3）Fe Sc Sb Cr Sr Zn Cu Ca Hg Ti Cd
　　（4）B Cl Kr Si O H C P S

5.3 陽子と電子間の距離は変わらず，電荷が大きくなる

5.4 陽子と電子間の距離が大きくなると距離の二乗に反比例して引き付ける力が弱くなる

5.5 電気陰性度の等しい同種元素間では電荷の偏りはない

5.6 電気陰性度の異なる異種元素間では電荷の偏りが生ずる

【6章】
6.1　^{12}C　6, 6, 6　　^{23}Na　11, 12, 11　　^{238}U　92, 146, 92（陽子，中性子，電子）
6.2　12.01　　6.3　$1.25\,g/l$ または $1.25\,kg/m^3$　　6.4　$1.00\,mol/l$
6.5　$[Ca^{2+}] = 1.00\,mol/l,\ 2\,Eq/l$　　$[Cl^-] = 2\,mol/l,\ 2\,Eq/l$
6.6　NaCl 9 g　　6.7　9 000 g　　6.8　D-グルコース，比容

【7章】
7.1　（1）MgF_2　フッ化マグネシウム　（2）Ag_2S　硫化銀　（3）$Al_2(SO_4)_3$　硫酸アルミニウム　（4）$(NH_4)_3PO_4$　リン酸アンモニウム　（5）$NaHCO_3$　炭酸水素ナトリウム

7.2　（1）1価の陰イオン　（2）1価の陽イオン　（3）2価の陽イオン　（4）2価の陰イオン

7.3　（1）　:Ö::C::Ö:　　（2）　H:Ö:H　　（3）　:C̈l:C̈l:
　　（4）　H:N̈:H
　　　　　　H　　　　（5）　:N:::N:

7.4　グラファイト　グラファイトの炭素は隣接する3個の炭素と共有結合しており，残りの1個が原子間で共有されているため自由に動ける

7.5　金属結合

7.6　溶融状態では Na^+ と Cl^- が自由に動ける

【8章】
8.1　（1）氷　（2）水　（3）水蒸気　（4）水　（5）水蒸気
8.2　強い　　8.3　B　　8.4　約87℃
8.5　氷の結晶は嵩高（かさだか）い
8.6　分子間で水素結合をもつ
8.7　瞬間双極子をもつ確率が高くなる

【9章】
9.1　28.8
9.2　空気が熱せられて体積が膨張し，結果，密度が低くなる。　　シャルルの法則
9.3　$24.0\,l$
9.4　（1）$PV = nRT$　（2）$(1\,atm)(22.4\,l) = (1\,mol)R(273.15\,K)$　$R = 0.082\,atm \cdot l/(mol \cdot K)$　（3）$R = 0.082(101\,300\,Pa)(10^{-3}\,m^3)/(mol \cdot K) = 8.31\,J/(mol \cdot K)$
9.5　760 mmHg（= 760 torr）
9.6　$P_{N_2} = 593\,mmHg$，$P_{O_2} = 160\,mmHg$，$P_{CO_2} = 0.3\,mmHg$
9.7　圧力を高くする。　温度を下げる
9.8　気体の密度 = 気体のモル分子量 ÷ 気体のモル体積　より
　　空気　1.28，ヘリウム　0.18，窒素　1.25，酸素　1.43，二酸化炭素　1.96，亜酸化窒素　1.96　（単位は g/l）

【10章】

10.1 （2），（5）

10.2 親水性：アルコール類　　水分子が水和しやすい
　　　　 疎水性：ポリエチレン　　水分子が水和しにくい

10.3 86.6 g

10.4 吸熱的

10.5 発熱的

10.6 二酸化炭素

10.7 （1）315 mOsmol/l　（2）Na^+とCl^-のモル濃度の和　（3）尿素のモル濃度　（4）グルコースのモル濃度　（5）浸透圧は溶液を構成する溶質のモル濃度の和に比例する

【11章】

11.1 $pH = -\log[H^+] = \log\dfrac{1}{[H^+]}$

11.2 ブレンステッド＆ローリーの定義（相手からH^+を受け取る分子やイオン）：
$H_2O + NH_3 \rightleftharpoons OH^- + NH_4^+$
ルイスの定義の例（相手の電子対を与えるもの）：$HCl + NH_3 \longrightarrow NH_4^+ + Cl^-$

11.3 $pH = 4.8$

11.4 水酸化ナトリウム溶液　$pH = 10$　　塩酸　$pH = 4$

11.5 （1）炭酸の2段解離　　　　　　　　（2）　$\begin{array}{c}HO\\[-2pt]\end{array}\!\!\!\!C=O$
　　　1段目　　$H_2CO_3 \rightleftharpoons H^+ + HCO_3^-$　　　　　HO
　　　2段目　　$HCO_3^- \rightleftharpoons H^+ + CO_3^{2-}$

11.6 （1）中性　（2）塩基性　（3）酸性　（4）酸性　（5）塩基性

11.7 7.28　　**11.8** 7.53

【12章】

12.1 $2\,Cu + O_2 \longrightarrow 2\,CuO$

12.2 （1）0　（2）+II　（3）+I　（4）−I　（5）−II　（6）−I　（7）+IV　（8）+VII　（9）+VI　（10）+VII

12.3 （1）還元剤　（2）酸化剤

12.4 K Ca Na Mg Ti Al Zn Fe Co Ni Sn Pb H Cu Hg Ag Pt Au

12.5 （1）+VII　（2）+IV　（3）−I　（4）−I　（5）+VII

12.6 H_2O_2が還元剤として働く場合：
$$2\,KMnO_4 + 5\,H_2O_2 + 6\,H^+ \longrightarrow 2\,Mn_2^+ + 2\,K^+ + 5\,O_2 + 8\,H_2O$$
H_2O_2が酸化剤として働く場合：$2\,KI + H_2O_2 + 2\,H^+ \longrightarrow 2\,K^+ + I_2 + 2\,H_2O$

第3部　有機化学の各章における演習問題の解答は本文中を参照されたい。

索引

【あ】

アスコルビン酸	104
アデニン	168, 169
アデノシン三リン酸	172
アボガドロ数	18
アミド	148, 149, 157
アミノ酸	159
網目状高分子	191
アミロース	142, 190
アミロペクチン	142
アミン	138, 157
アルカン	123
アルキル基	132
アルキン	126
アルケン	126
アルコール	132, 138, 148
アルデヒド	136
アルデヒド基	139
α-らせん構造	163
アレニウス	90

【い】

イオン化エネルギー	33
イオン結合	51
イオン結晶	51, 52
——の構造	53
——の大きさ	38
イオン反応	187
異性体	117, 118, 124
遺伝子	171
遺伝情報	171
イミン	157
医用材料	9
医療用ガス	78

【う・え】

ウラシル	168
運搬体タンパク質	175
液体	64
エステル	148, 155
枝分かれ高分子	191
エーテル	132, 133
エネルギー	179, 180
エノール	132
塩基	90
塩基性塩	96
延性	60
エントロピー	8, 179, 180
エントロピー増大の法則	8

【か】

改質天然高分子	190
化学反応	178
核酸	3, 167
化合物	14
価数	91
活性化エネルギー	182
ガラス転移温度	199
カルボキシ基	146, 159
カルボニル基	146
カルボン酸	146
還元	101
還元剤	102
還元糖	143
緩衝系	94
官能基	109, 115, 116

【き】

幾何異性体	118

気液平衡	67
気体	65
——の圧縮性	74
——の状態方程式	76
——の分圧	76
——の溶解度	76, 83
気体定数	76
気体反応の法則	17
求核剤	137, 187
求電子剤	187
吸熱反応	181
凝固点降下	85
共有結合	54
共有結合結晶	58
共有結合分子	54, 58
金属結合	59
金属結晶格子	61
金属のイオン化傾向	106

【く】

グアニン	168, 169
グラフト共重合体	195
グリセロリン脂質	155
グリセロール	150
グルコース	140, 141, 142
グルタチオン	103
クーロン力	51

【け】

血液ガス	8
血漿	5
結晶構造	197
ケトン	136, 137
ケトン基	139
原子核	41

原子コア		59
原子説		16
原子の大きさ		39
原子の質量		42
原子番号		41
原子モデル		21
原子量		43
元素記号		41

【こ】

光学異性体	119,	140
交互共重合体		195
膠質浸透圧		88
構成元素		1
合成高分子		190
酵素		184
構造異性体	117,	118
構造式		120
酵素-基質複合体		184
固体		64
——の溶解度		83
骨格構造式	120,	121
ゴム		192
コロイド浸透圧		88
コロイド溶液		86
混合物		14

【さ】

最外殻電子		28
細胞内液		5
細胞膜		173
酸		90
——の多段電離		93
酸化	101,	104
酸化型腐食		106
酸化還元反応		103
酸化剤		102
酸化数		101
三重結合		114
酸性塩		96
酸度		91

【し】

脂環状炭化水素		125
式量		44
磁気量子数		23
σ結合	112,	113
シクロアルカン		125
脂質		3
脂質二重層		156
脂質二重膜		173
シス形		119
ジスルフィド結合		165
示性式		120
実験式		120
質量数		41
質量/体積パーセント濃度		46
質量パーセント濃度		46
質量分率		46
質量保存の法則		15
質量モル濃度	46,	47
シトシン	168,	169
脂肪酸	150,	151
脂肪族炭化水素		123
脂肪族飽和炭化水素		124
シャルルの法則		76
自由エネルギー		179
周期表		31
重合体		192
重縮合反応		193
重付加反応		193
主量子数		23
純物質		14
蒸気圧曲線		68
状態図		70
消毒		11
触媒		184
浸透圧		85
親水性		82

【す】

水素結合		165
水素置換型腐食		106
水和		81

スピン量子数		25

【せ】

正塩		96
正四面体	110,	112
生体の構造		1
静電的相互作用		165
セルロース	143,	190
セルロースアセテート		190
繊維		191
遷移元素		33
線状高分子		191
潜水病		78

【そ】

相対質量		42
束一性		86
組織液		5
疎水性	82,	165

【た】

第一イオン化エネルギー		34
体液の恒常性		7
体液の組成		4
体液のpH		5
体積パーセント濃度		46
体積モル濃度	46,	47
多価アルコール	133,	139
脱離反応		188
多糖		142
炭化水素		123
炭酸の電離		93
単純脂質		150
炭水化物		138
単体		14
単糖		139
タンパク質	3, 159,	160
——の機能		162
——の構造		162
単量体		192

【ち】

置換反応		188

逐次重合法	193			分子式	120
窒　化	106	**【は】**		分子説	18
地のらせん	37	配位結合	57	分子（粒子）の運動	65
チミン	168, 169	Π結合	113, 114	分子の極性	57
チャネルタンパク質	175	倍数比例の法則	16	分子量	44
中性子	41	パウリの排他律	25	分子量分布	196
【て】		八音階説	37	フント則	26
		発熱反応	181		
定比例の法則	16	反応速度式	183	**【へ】**	
デオキシ-D-リボース	169			平均相対質量	43
転移反応	188	**【ひ】**		β-シート構造	163
電荷アミノ酸	160	非極性アミノ酸	160	ヘテロ原子	110, 114, 115
電解質	82	非電荷アミノ酸	160	ヘミアセタール	138, 141
電気陰性度	36	非電解質	82	ベンゼン	127
典型元素	33	ヒドロキシ基		ヘンダーソン・	
電　子	41		132, 134, 135, 146	ハッセルバルヒの式	94
電子軌道論	23	ピリミジン誘導体	167	ヘンリーの法則	77
電子式	28	**【ふ】**			
電子配置表	27			**【ほ】**	
展　性	60	ファントホッフの式	85	ボイルの法則	75
天然高分子	190	フェノール	132	方位量子数	23
電離度	91	付加反応	187	芳香族炭化水素	127
		副殻表記	24	飽和脂肪酸	151
【と】		複合脂質	150	飽和蒸気圧	68
同位体	42	腐　食	106	ボーアの原子モデル	21
糖　質	3	不斉炭素	120	ホスファチジルエステル	155
当量濃度	48	物質の三態	64	ホスファチジルコリン	155
ド・ブロイ	22	物質量（モル）	44	ホスファチジン酸	155
トランス形	119	沸　点	68	ポリヌクレオチド	168
トランスファー RNA	171	沸点上昇	85	ポリペプチド	160
トリアシルグリセロール		不動態	107		
	149, 155	不飽和結合	114, 126	**【ま】**	
ドルトン	15	不飽和脂肪酸	151	膜タンパク質	173
――の原子説	17	プラスチック（樹脂）	191	**【み】**	
【に】		プリン誘導体	167		
		プルースト	15	水	3
二酸化炭素の状態図	72	ブレンステッド＆ローリー		――の状態図	70
二重結合	113		90	――の電離	91
二　糖	141	フロギストン説	15	ミセル	156
ニトリル	157	ブロック共重合体	195	三つ組元素	37
【ぬ】		分子間結合力（ロンドン-		ミラーの実験	6
ヌクレオチド	167, 169	ファンデルワールス力）	69, 165		

【む】

無機塩類	3

【め】

滅　菌	11
メッセンジャー RNA	171
メンデレーエフ	31

【も】

モ　ル	18
モル凝固点降下	86
モル質量	44
モル体積	45
モルパーセント濃度	47
モル沸点上昇	86
モル分率	47

【ゆ】

融　点	199
誘導脂質	150
輸送タンパク質	174

【よ】

溶　液	81
溶解度	82
陽　子	41
溶　質	81
溶　媒	81
溶媒和	81

【ら】

ラジカル反応	187
ラボアジェ	15
ラメラ	197
ランダム共重合体	195

【り】

立体異性体	117, 118
立体規則性	196
立体構造式	120
リボソーム RNA	171
硫　化	106
量子数	23
リン酸ジエステル結合	169
リン酸の電離	93
リン脂質	155

【る】

ルイス	90

【れ】

連鎖重合法	194

【ろ】

ロンドン-ファンデルワールス力	69

【わ】

ワックス	149

【C】

cAMP	172

【D】

DNA	168
d ブロック元素	32
D-リボース	169

【F】

f ブロック元素	33

【G】

Gibbs の自由エネルギー	180

【I】

IUPAC 名	146
IUPAC 命名法	133, 136, 137

【P】

pH	92
p ブロック元素	33

【R】

RNA	168

【S】

sp 混成軌道	114
sp^2 混成軌道	113, 128
sp^3 混成軌道	112, 119
s ブロック元素	32

―― 著者略歴 ――

堀内　孝（ほりうち　たかし）
- 1976年　東京理科大学工学部工業化学科卒業
- 1978年　東京理科大学大学院工学研究科修士課程修了（工業化学専攻）
- 1978年　東京大学医学科学研究所臓器移植生理学研究部研究生
- 1981年　米国クリーブランドクリニック財団人工臓器研究所 リサーチフェロー
- 1984年　米国クリーブランドクリニック財団人工臓器研究所 シニアリサーチエンジニア（代謝系人工臓器部門）
- 1987年　工学博士（東京大学）
- 1987年　東京大学講師
- 1991年　東京大学助教授
- 1992年　東亜大学大学院教授
- 2003年　三重大学教授
- 2006年　三重大学大学院教授
　　　　鈴鹿医療科学大学非常勤講師（兼務）
　　　　現在に至る

村林　俊（むらばやし　しゅん）
- 1972年　北海道大学工学部合成化学工学科卒業
- 1975年　北海道大学大学院工学研究科修士課程修了（合成化学工学専攻）
- 1978年　北海道大学大学院工学研究科博士課程修了（合成化学工学専攻）
　　　　工学博士（北海道大学）
- 1978年　米国クリーブランドクリニック財団人工臓器研究所 リサーチフェロー
- 1981年　米国クリーブランドクリニック財団人工臓器研究所 プロジェクトスタッフ（生体材料生体適合性部門）
- 1987年　北海道大学助教授
- 1995年　北海道大学大学院助教授
- 2007年　北海道大学大学院情報科学研究科准教授
- 2013年　退職

医療のための化学
Chemistry for Allied Health Professional

Ⓒ Takashi Horiuchi, Shun Murabayashi 2012

2012年3月23日　初版第1刷発行
2016年4月10日　初版第3刷発行

★

検印省略

著　者　　堀　内　　　孝
　　　　　村　林　　　俊
発行者　　株式会社　コロナ社
代表者　　牛来真也
印刷所　　萩原印刷株式会社

112-0011　東京都文京区千石4-46-10

発行所　株式会社　コロナ社
CORONA PUBLISHING CO., LTD.
Tokyo Japan
振替 00140-8-14844・電話(03)3941-3131(代)
ホームページ http://www.coronasha.co.jp

ISBN 978-4-339-07227-3　（高橋）　（製本：愛千製本所）
Printed in Japan

本書のコピー，スキャン，デジタル化等の無断複製・転載は著作権法上での例外を除き禁じられております。購入者以外の第三者による本書の電子データ化及び電子書籍化は，いかなる場合も認めておりません。

落丁・乱丁本はお取替えいたします

臨床工学シリーズ

（各巻A5判，欠番は品切です）

- ■監　　　修　日本生体医工学会
- ■編集委員代表　金井　寛
- ■編集委員　伊藤寛志・太田和夫・小野哲章・斎藤正男・都築正和

配本順		著者	頁	本体
1.(10回)	医　学　概　論（改訂版）	江　部　　　充他著	220	2800円
5.(1回)	応　　用　　数　　学	西　村　千　秋著	238	2700円
6.(14回)	医　用　工　学　概　論	嶋　津　秀　昭他著	240	3000円
7.(6回)	情　　報　　工　　学	鈴　木　良　次他著	268	3200円
8.(2回)	医　用　電　気　工　学	金　井　　　寛他著	254	2800円
9.(11回)	改訂 医用電子工学	松　尾　正　之他著	288	3300円
11.(13回)	医　用　機　械　工　学	馬　渕　清　資著	152	2200円
12.(12回)	医　用　材　料　工　学	堀　内　孝／村　林　俊 共著	192	2500円
13.(15回)	生　体　計　測　学	金　井　　　寛他著	268	3500円
20.(9回)	電気・電子工学実習	南　谷　晴　之著	180	2400円

以下続刊

4.	基　礎　医　学　Ⅲ	玉置　憲一他著	10.	生　体　物　性	椎名　毅他著
14.	医用機器学概論	小野　哲章他著	15.	生体機能代行装置学Ⅰ	都築　正和他著
16.	生体機能代行装置学Ⅱ	太田　和夫他著	17.	医用治療機器学	斎藤　正男他著
18.	臨床医学総論Ⅰ	岡島　光治他著	21.	システム・情報処理実習	佐藤　俊輔他著
22.	医用機器安全管理学	小野　哲章他著			

ヘルスプロフェッショナルのための テクニカルサポートシリーズ

（各巻B5判）

- ■編集委員長　星宮　望
- ■編集委員　髙橋　誠・徳永恵子

配本順		著者	頁	本体
1.	ナチュラルサイエンス（CD-ROM付）	髙橋　誠／但野　茂彦／橋田　龍三郎 共著		
2.	情　報　機　器　学	髙永　和有／橋田　清／永田　啓誠 共著		
3.(3回)	在宅療養のQOLとサポートシステム	徳永　恵子編著	164	2600円
4.(1回)	医　用　機　器　Ⅰ	田村　俊世／山越　憲一／村上　肇 共著	176	2700円
5.(2回)	医　用　機　器　Ⅱ	山形　仁編著	176	2700円

定価は本体価格+税です。
定価は変更されることがありますのでご了承下さい。

◆図書目録進呈◆

単 位 換 算 表

（1） 長　さ

m	cm	in	ft
1	100	39.37	3.281
0.01	1	0.3937	0.03281
0.02540	2.540	1	0.08333
0.3048	30.48	12	1

（2） 面　積

m^2	cm^2	in^2	ft^2
1	1×10^4	1550	10.76
1×10^{-4}	1	0.1550	0.001076
6.452×10^{-4}	6.452	1	0.006944
0.09290	929.0	144	1

（3） 体　積

m^3	dm^3 または l	ft^3	米 gal
1	1000	35.31	264.2
0.001	1	0.03531	0.2642
0.02832	28.32	1	7.481
0.003785	3.785	0.1337	1

（4） 質　量

kg	g	メートル ton	lb
1	1000	0.001	2.205
0.001	1	1×10^{-6}	0.002205
1000	1×10^6	1	2205
0.4536	453.6	4.536×10^{-6}	1

（5） 密　度

kg/m^3	g/cm^3	lb/ft^3	lb/米 gal
1	0.001	0.06243	0.008345
1000	1	62.43	8.345
16.02	0.001602	1	0.1337
119.8	0.1198	7.481	1

（6） 力または重量

N	dyn	kgf	lbf
1	1×10^5	0.1020	0.2248
1×10^{-5}	1	1.020×10^{-6}	2.248×10^{-6}
9.807	9.807×10^5	1	2.205
4.448	4.448×10^5	0.4536	1

（7） 粘　度

Pa·s	Poise または $g/cm \cdot s$	cP	kg/m·h	lb/ft·s
1	10	1000	3600	0.6720
0.1	1	100	360	0.06720
0.001	0.01	1	3.6	6.720×10^{-4}
2.778×10^{-4}	0.002778	0.2778	1	1.867×10^{-4}
1.488	14.88	1488	5357	1

（8） 表面張力

N/m または kg/s^2	dyn/cm	kgf/m	lbf/ft
1	1×10^3	0.1020	0.06854
1×10^{-3}	1	1.020×10^{-4}	6.854×10^{-5}
9.807	9807	1	0.6720
14.59	1.459×10^4	1.488	1